李開復 著

# 李開復給青年的 12 封信

# 人 工 智 慧
# 領航者
### 李 開 復 給青年的書信集

**目錄**

Letter 1

## 談人生意義 | **AI 時代，有思想的人生更出色**

如果不想在 AI 時代失去人生的價值與意義，如果不想成為「無用」的人，唯有從現在開始，找到自己的獨特之處，擁抱人類的獨特價值，成為在情感、性格、素養上都更加全面的人。AI 來了，有思想的人生並不會因此而黯然失色。

寄件人：李開復 ▼

親愛的同學們，你們將成長於人工智慧（Artificial Intelligence，簡稱 AI）高速發展的時代，你們將要面臨的是和我們現在所處的很不一樣的社會。

AI 無處不在，人機協作隨處可見，AI 可以幫助我們做更多的工作，人類有更多富餘的時間去追隨自己的興趣，享受人生。但是，因為有很多工作被 AI 取代，人類不得不面臨嚴重的失業問題。很多人不免疑惑，在 AI 時代，既然人類的很多工作機器都能做，那麼人類做什麼呢？人類可以這樣輕易地被 AI 取代，那麼人類的價值該如何展現呢？人類活著的意義是什麼呢？在這封信裡，我想和你們談談人工智慧時代的人生意義。

很多同學會覺得機器人離我們還很遠，但是請拋開人工智慧就是人形機器人的固有偏見，然後，打開你的手機，我們來看一看，已經變成每個人生活的一部分的智慧手機裡，到底藏著多少人工智慧的神奇魔術。

你一定嘗試過跟蘋果 Siri 對話吧？你是不是還經常被它比較靈活的回答逗得哈哈大笑；當你在手機應用裡看新聞，用淘寶、亞馬遜購物，你會不會覺得它很了解你，總是向你推播你感興趣的內容，就像是你的私人「管家」一樣；你一定用過美圖秀秀，點擊它的一鍵功能，你可以瞬間變成各種有趣的樣子；你一定使用過手機地圖，只要輸入目的地，就能獲取各種路線到達目的地……。

這些神奇的魔術都是基於人工智慧技術。在小小的手機螢幕上，人工智慧已經無處不在了。

類似於 Siri 這樣的人工智慧助理應用，還有微軟小冰等，它們的語音辨識能力、語音合成技術、基於龐大語料庫的自然語言對話引擎，都有非常獨到的地方。雖然它們的智慧程度遠遠比不上人類，更多時候是在事先積累的人類對話庫和互聯網資料庫中，查找最有可能匹配的回答，在一些複雜的上下文對話中，它們甚至答非所問，但是不可否認，這些智慧助理程式已經展現出了初步與人類溝通的能力。

看熱門新聞是很多人每天必做的事情，像「今日頭條」這類的新聞分類應用之所以普遍，也是因為採用了人工智慧技術，應用程式可以聰明地歸納每個人看新聞時的習慣、愛好，然後給你推播相關的內容。這些智慧推薦功能做得愈好，你愈會覺得它懂你的心思。而且，現在相當數量的新聞內容是由電腦上的人工智慧程式寫的。自動撰寫的新聞稿件不僅可以節省記者和編輯的大量勞動，而且在應對突發事件時表現出電腦的「閃電速度」。

比如 2014 年 3 月 17 日的洛杉磯地震，地震發生後不到 3 分鐘，《洛杉磯時報》就在網上發布了一則有關這次地震的詳細報導，該新聞之所以能在如此快的時間裡發出，可以歸功於不眠不休工作的人工智慧新聞撰寫程式。在地震發生的瞬間，電腦就從地震台網的資料介面中獲得了有關地震的所有資料，然後飛速生

成英文報導全文。剛剛從睡夢中驚醒的記者一睜眼就看到了螢幕上的報導文稿，他快速審閱後用滑鼠點擊了「發布」按鈕。一篇自動生成並由人工覆核的新聞稿件就這樣在第一時間快速面世。

2016 年年底，亞馬遜宣布了一個幾乎震驚整個科技界的大新聞：亞馬遜開辦了一家不用排隊、不用結帳、拿了東西就可以走人的小超市，名字叫 Amazon Go。這是一家利用人工智慧技術管理的小超市，你走進去，拿你想拿的東西，不用付帳就可以走出去。超市的每個貨架都布滿攝影機等感測器，它們利用機器視覺技術記住每個顧客到底都拿了哪些商品，顧客出門時，再根據人臉識別辨認出顧客的身分，自動用顧客預先設定的結帳方式（如銀行卡）結帳。顧客的整個購物過程，完全可以不用排隊，不用親自結帳。

2017 年春節前夕，阿里巴巴在公司的西溪園區，展示了一個能夠自動創作春聯的機器人——阿里雲人工智慧 ET。這個阿里雲人工智慧 ET 可不簡單，它不但會根據之前學習的書法風格現場揮毫潑墨，而且它寫出來的春聯內容，也是由人工智慧演算法根據人類體驗者的具體要求，現場創作出來的。人工智慧演算法既可以寫出很有傳統意味的春聯，如「九州天空花錦繡，未央雲淡人泰康」，也可以根據體驗者的要求，寫出頗具調侃意味的詞句，如「貌賽西溪吳彥祖，才及阿里風清揚」，真是妙趣橫生。

也許你正在為垃圾分類頭疼，在實行垃圾分類規定的初期，

很容易出現垃圾誤投的情況。針對手動分類效率低、投放錯誤等問題，研究者已經研發出了一些在垃圾分類領域應用的機器人。

比如，一類機器人基於視覺分析系統對垃圾進行分類，獲取物品的視覺資訊，然後利用人工智慧進行鑑別，根據物品的化學成分、大小、價值和位置來確定分揀的優先順序，確保取得最優結果；判斷完畢後，機器人便可以進行分揀。

另一類機器人可以通過觸摸的方式區分紙張、金屬和塑膠，在垃圾分選的過程中，機器人對物體進行掃描，並用感測器測量物體尺寸；機器人使用其手臂上的兩根柔軟的手指擠壓物體以完成抓取，而手指上的壓力感測器能夠測量抓住物體所需要的力，並以此確定材料抵抗變形的能力。最後，將掃描結果與壓力感測器獲得的資料相互對比匹配，分辨出物體材質後，機器人會將其投入正確的垃圾箱。

除此之外，人類正在努力開發一些人工智慧系統以便使人能夠從局部視覺線索識別垃圾。比如，一個人拿著可樂罐或者洋芋片時，系統可以對人手中的垃圾進行識別。根據識別和分析結果，系統能對使用者的投放行為進行指導，並與用戶形成互動。如果成功完成分類，螢幕上會撒滿五彩紙屑或分享一些福利、折扣條碼。如果分類錯誤，機器人會提出批評，還會在螢幕上顯示一個暗紅色的標誌，提醒使用者犯了錯誤。

有的人工智慧除了自動分類、消除人為的垃圾分類錯誤外，

還能監控垃圾流向，對回收情況進行分析。這些人工智慧系統用於垃圾分類的執行雖較為初級，但隨著技術的不斷提升與創新，相信在不遠的將來，人工智慧技術能夠幫助人類完成更複雜的工作，在垃圾分類和資源利用領域發揮更大的作用。不僅在垃圾回收與資源再利用方面，對於其他環境問題，我們同樣需要更加智慧化的解決方案。

AI 時代湧現的新技術和新思想，在高效解決環保問題的同時，能夠幫助我們提高環保意識、培養環保的生活習慣。

很多電影和科幻小說中已經出現了由電腦演算法自動駕駛的汽車、飛機和太空船，這讓我們不禁想像，未來我們是否可以不考駕照，不雇司機，直接向汽車發布命令就可以便捷出門了呢？滴滴、Uber 等共享交通已經為我們揭示出了一些未來生活的樣子，我們不妨可以大膽預測大多數汽車可以用「共享經濟」的模式，隨叫隨到。因為不需要司機，這些車輛可以保證 24 小時待命，可以在任何時間、任何地點提供高品質的租用服務。

這樣一來，整個城市的交通情況會發生翻天覆地的變化。有了智慧調度演算法的幫助，共享汽車的使用率會接近 100%，城市裡需要的汽車總量則會大幅減少。需要停放的共享汽車數量不多，只需要占用城市裡有限的幾個公共停車場的空間就足夠了。停車難、大堵車等現象會因為自動駕駛共享汽車的出現而得到真正解決。那個時候，私家車只用於滿足個人追求駕駛樂趣的需

要，就像今天人們會到郊區騎自行車鍛鍊身體一樣。

更重要的是，汽車本身的型態也會發生根本性的變化。一輛不需要方向盤、不需要司機的汽車，可以被設計成前所未有的樣子。比如，因為大部分出行都是一兩個人，共享的自動駕駛汽車完全可以設計成比現在汽車小很多，僅供一、兩個人乘坐的舒適「座艙」，這可以節省大量道路空間。

道路上，汽車和汽車之間可以通過「車聯網」連接起來，完成許多有人駕駛不可能完成的工作。比如，許多部自動駕駛汽車可以在道路上排列成間距極小的密集編隊，同時保持高速行進，統一對路面環境進行偵測和處理，不用擔心追撞的風險。再如，一輛汽車在路面上可以通過自己的感測器發現另一輛汽車故障，及時通知另一輛汽車停車檢修。

未來的道路也會按照自動駕駛汽車的要求來重新設計，專用於自動駕駛的車道可以變得更窄，交通號誌可以更容易被自動駕駛汽車識別。在自動駕駛時代裡，人們可以把以前駕駛汽車的時間用來工作、思考問題、開會、娛樂。一部分共享汽車可以設計成會議室的樣子，人們既可以圍坐在汽車裡討論問題，也可以在乘車時通過視訊會議與辦公室裡的同事溝通。

今天駕駛汽車時，人們最多只能聽聽廣播或音樂。未來乘坐自動駕駛汽車的時間，人們完全可以用來享受汽車座椅內置的全身按摩服務，或者接入虛擬實境（VR）設備來一次穿越奇幻世界

的冒險。自動駕駛時代，人類生活將更有品質，也更加快樂。

不難看到，我們的時代正進入這樣一個前所未有的局面：隨著科技的進步，人工智慧可以代替人類做很多工作。汽車將不需要人類來駕駛，新聞不再由人來撰寫，倉庫由機器人來看管……。很多人不免擔憂，那人類能做什麼呢？被機器人「搶」了工作，人類生存的意義是什麼呢？

我認為，AI 對於人生意義的挑戰主要源於人類自身的心理感受。如果我們能在農耕時代接受騾馬作為人類的協作對象，在現代社會接受機械、車船與人類共同協作，那為什麼不能在人工智慧時代接受 AI 這個好幫手呢？

回顧人類文明的發展歷程，新科學、新技術總會在不破不立的因果循環中引發社會陣痛。

賓士之父德國人卡爾・弗里德利希・賓士（Karl Friedrich Benz）在 1885 年製成的世界上第一輛馬車式三輪汽車就曾被人嘲諷為「散發著臭氣的怪物」。我不算有神論者，但有時會樂觀地認為，先進技術的出現，或是「造物主」的善意，或是人類集體意識的英明決策，一邊把人類從舊的產業格局和繁重勞作中解放出來，一邊如鞭策或督促一般，迫使人類做出種種變革。比如 AI，它一邊釋放巨大的生產力，免除人類繼續從事繁瑣工作之苦，一邊又在用可能出現的失業問題提醒人類：你應該學習新的前行方式了！

　　美劇「西部世界」這樣定義人類的演化和發展：人類演化的原始動力靠的是自然界對各種演化錯誤（變異）的選擇，優勝劣汰。當代科技發達，人類因變異而得的較低劣的生物特徵也會被技術保全下來，演化動力已然失效。因為演化動力失效，人類也就失去了進一步演化的可能，總體上只能停留在目前的水準——人類必須不斷思索自身存在的價值，尋找生物特徵以外的生命意義。

　　我覺得，基於生物特徵的演化也許快要成為過去式，但基於人類自身特點的「演化」才剛剛開始。人之所以為人，正是因為我們有感情、會思考、懂生死。而「感情」「思考」「自我意識」「生死意識」等人類特質，正是我們需要全力培養、發展與珍惜的東西。

　　科幻劇「真實的人類」裡，機器人曾說：「我不懼怕死亡，這使得我比任何人類更強大。」而人類則說：「你錯了。如果你不懼怕死亡，那你就從未活著，你只是一種存在而已。」這兩句對白讓我深有感觸。

　　我患癌症治療期間，有一次化療結束，我回台北家中休養。當時，台北剛剛入秋，陽光和煦，暖意融融，我的心情好極了。台北街頭，處處綠意盎然。車子載著我在路面上輕快駛過，窗外樹影斑駁，美得像夢一樣不真實。我不禁在心裡輕歎：「活著真好啊！」自罹患癌症以來，走過死亡陰影的幽谷，重覽人間芳華，

那是我第一次如此真實地體驗到夢境般的美好感覺。我對生死也有了前所未有的深刻感受,與死神擦肩而過的經歷讓我意識到人工智慧所不具備的人性。

AI 無法像人一樣領悟生命的意義和死亡的內涵,AI 更無法像人一樣因高山流水而逸興遄飛,因秋風冷雨而愴然淚下,因子孫繞膝而充實溫暖,因月上中天而感時傷懷……,人腦中的情感、自我認知等思想都是機器所完全沒有的,這是人與 AI 之間質的不同。

人類可以跨領域思考,可以在短短的上下文和簡單的表達方式中蘊藏豐富的語義。當李清照說「雁字回時,月滿西樓」的時候,她不僅僅是在描摹風景,更是在寄寓相思。當杜甫寫出「同學少年多不賤,五陵衣馬自輕肥」的句子時,他不僅僅是在感歎人生遭際,更是在抒發憂國之情。這些複雜的思想,只有人類自己才能感受得到,今天的 AI 完全無法理解。

法國哲學家巴斯卡(Blaise Pascal)說過:「人只不過是一根葦草,是自然界最脆弱的東西;但他是一根能思想的葦草。用不著整個宇宙都拿起武器才能毀滅他;一口氣、一滴水就足以致他死命了。然而,縱使宇宙毀滅了他,人卻仍然要比致他於死命的東西高貴得多;因為他知道自己要死亡,以及宇宙對他所具有的優勢,而宇宙對此卻是一無所知。因而,我們全部的尊嚴就在於思想……。」

借助車輪和風帆，人類在數百年前就周遊了整個地球；借助火箭發動機，人類在數十年前就登陸月球；借助電腦和互聯網，人類創造了浩瀚繽紛的虛擬世界；借助 AI，人類也必將設計出一個全新的科技與社會藍圖，為每個有情感、有思想的普通人提供最大的滿足感與成就感。

在 AI 時代裡，只會在某個狹窄領域從事簡單工作的人，無論如何都無法與 AI 的效率和成本相比，必然會被機器所取代。因此，要想在時代競爭中立於不敗之地，人類要不斷提高自己，善於利用人類的特長，善於借助機器的能力。

機器可以快速完成數學運算，可以卜出極高水準的圍棋，可以獨立完成量化交易，甚至可以從事一些最初級的詩歌、繪畫等藝術創作。但人類總是可以借助機器這個工具來提高自己，讓自己的大腦在更高層次上完成機器無法完成的複雜推理、複雜決策以及複雜的情感活動。

如果不想在 AI 時代失去人生的價值與意義，如果不想成為

要在時代競爭中立於不敗之地，要不斷提高自己，善於利用人類的特長，善於借助機器的能力。

「無用」的人，唯有從現在開始，找到自己的獨特之處，擁抱人類的獨特價值，成為在情感、性格、素養上都更加全面的人。

人生在世，我們所能知、能見、能感的實在是太有限了。也恰恰因為人類的生命有限，才使得人類每個個體的「思想」和「命運」都如此寶貴、如此獨特。AI 時代，我們可以更多地借助機器和互聯網的力量，更好地感知整個世界、整個宇宙，體驗人生的諸多可能，這樣才不枉我們短暫的生命在浩瀚宇宙中如流星般走過的這一程。的確，人只不過是一根葦草，但人卻是一根能思想的葦草。

AI 來了，有思想的人生並不會因此而黯然失色。

Letter 2

## 談學習 | 面對 AI，學習有價值的技能

人工智慧時代，程式化、重複性、僅靠記憶與練習就可以掌握的技能將是最沒有價值的技能，幾乎一定可以由機器來完成；反之，那些最能體現人的綜合素質的技能，例如，人對於複雜系統的綜合分析、決策能力，對於藝術和文化的審美能力和創造性思維，由生活經驗及文化薰陶產生的直覺、常識，基於人自身的情感（愛、恨、熱情、冷漠等）與他人互動的能力……，這些是人工智慧時代最有價值，最值得培養、學習的技能。

寄件人：李開復　▼

　　過去我做了許多場關於人工智慧發展趨勢的演講。講到 AI 將在未來 10 年取代人類去做許多簡單、低效的工作時，很多同學好奇地問我：「AI 時代，我們到底該學什麼，才不至於被機器『搶』了工作？」在人機相互協作、各自發揮特長的人工智慧時代，過去填鴨式、機械式的學習，已經不能滿足激烈競爭下對人才的要求。在這封信裡，我想跟你們分析人工智慧的弱項，以及你們應該怎樣學習才會發揮人類的優勢，在未來的競爭中脫穎而出。

　　我的小女兒德亭曾經說過一段讓我特別尊重、特別讚許的話。德亭很早就喜歡攝影，她 5 歲的時候得到了人生第一台相機，並從幫姊姊設計出來的漂亮時裝拍照開始，逐漸拓展拍攝物件，很早就成了一個小攝影愛好者。

　　她中學時很想以攝影作為自己的專業，但我擔心她喜歡攝影只是為了逃避功課。申請大學前，我反覆跟她討論，並提醒她：「你必須想清楚喲！專業攝影師很快就會被淘汰，現在攝影工具愈來愈方便，大家都可以輕易拍出好照片，專業攝影師的優勢會漸漸消失。」

　　可我沒有料到，德亭很鄭重地說了下面這段話：「我做過調查了，目前在美國，一個專業攝影師的薪水比記者還要低，而記者的薪水相比其他各行業也愈來愈低了。可是爸爸，我願意賺比較少的錢，做自己真正想做的事。每次背著沉甸甸的相機出去拍

照，回來的時候雖然筋疲力盡，我卻總是心花怒放。我非常慶幸生活在高科技時代，可以輕鬆擁有數位攝影以及低成本、大容量的存放裝置，還有無處不在的網路，這些讓我像一個裝備齊全的獵人一樣，捕捉我所有的感動，然後用心將圖像提取出來。未來的攝影絕對不只是按下快門，而是要用新的眼光，讓影像產生新的意義，那絕對不是科技可以取代的。」

每當我思索人和機器共存的未來時，就總會想起德亭的這段話。的確，攝影技術再先進，照片畫質再好，也取代不了攝影師內心因拍攝物件而產生的感動。這種感動可以賦予風景、人物、靜物、街景新的意義。即便以後有了人工智慧照相機，可以自動幫助人完成捕捉美景、記錄美好瞬間的任務，人的感動、人的審美、人的藝術追求也是機器無法取代的。

在人機協作的時代，我們可以發揮人工智慧的特長，將我們的時間和精力解放出來，做更多我們感興趣的事。AI 雖然在很多領域表現出色，但是它們在有些領域，依然很薄弱。我想，只有深入了解人工智慧的薄弱方面，我們才不至於因為人工智慧的高速發展而亂了陣腳。

人工智慧在以下幾個方面的發展依然很薄弱：

### 1. 跨領域推理

和今天的 AI 相比，人有一個明顯的智慧優勢，就是舉一反

三、**觸類旁通的能力**。很多人從孩提時代起，就已經建立了一種強大的思維能力——跨領域聯想和類比。3、4 歲的小孩就會說：「太陽像火爐一樣熱」「兔子跑得飛快」，更不用提東晉才女謝道韞看見白雪紛紛，隨口說出「未若柳絮因風起」的千古佳話了。以今天的技術發展水準，如果不是程式開發者專門用某種屬性將不同領域關聯起來，電腦自己很難總結出「雪花」與「柳絮」，「跑」與「飛」之間的相似性。

人類強大的跨領域聯想、類比能力，是跨領域推理的基礎。偵探小說中的福爾摩斯可以從嫌疑人一頂帽子中遺留的頭皮屑、沾染的灰塵，推理出嫌疑人的生活習慣，甚至家庭、婚姻狀況。這種從表象入手，推理並認識背後規律的能力，是電腦目前還遠遠不能及的。

利用這種能力，人類可以在日常生活、工作中解決非常複雜的具體問題。比如，一次商務談判失敗後，為了提出更好的談判策略，我們通常需要從多個不同層面著手，分析談判對手的真實訴求，尋找雙方潛在的契合點，而這種推理、分析，往往混雜了技術方案、商務報價、市場趨勢、競爭對手動態、談判對手業務現狀、當前痛點、短期和長期訴求、可能採用的談判策略等不同領域的資訊，我們必須將這些資訊合理組織，並利用跨領域推理的能力，歸納出其中的規律，並制定最終的決策。

這不是簡單的基於已知資訊的分類或預測問題，也不是初級

層面的資訊感知問題，而往往是在資訊不完整的環境中，用不同領域的推論互相補足，並結合經驗盡量做出最合理決定的過程。

為了進行更有效的跨領域推理，許多人都有幫助自己整理思路的好方法。比如，有人喜歡用思維導圖來梳理資訊間的關係；有人喜歡用大膽假設、小心求證的方式突破現有的思維定式；有人則喜歡用換位思考的方式，讓自己站在對方或旁觀者的立場上，從不同視角探索新的解決方案；有人則善於聽取、整合他人的意見，人類使用的這些高級分析、推理、決策技巧，對於今天的電腦而言還顯得過於高深。

**贏得德州撲克人機大戰的人工智慧程式在輔助決策方面有不錯的潛力**，但與一次成功的商務談判所需的人類智慧相比，還是太初級了。

今天，一種名叫「遷移學習」（Transfer Learning）的技術正吸引愈來愈多研究者的目光。這種學習技術的基本思路就是將電腦在一個領域取得的經驗，通過某種形式的變換，遷移到電腦不

未來的攝影絕對不只是按下快門，而是要用新的眼光，讓影像產生新的意義，那絕對不是科技可以取代的。

熟悉的另一個領域。比如，電腦通過龐大資料的訓練，已經可以在淘寶商城的用戶評論裡，識別出買家的哪些話是在誇獎一個商品好，哪些話是在抱怨一個商品差，那麼，這樣的經驗能不能被迅速遷移到電影評論領域，不需要再次訓練，就能讓電腦識別電影觀眾的評論究竟是在誇獎一部電影，還是在批評一部電影呢？

遷移學習技術已經取得了一些初步的成果，但這只是電腦在跨領域思考道路上前進的一小步。一個能像福爾摩斯一樣，從犯罪現場的蛛絲馬跡，抽絲剝繭一般梳理相關線索，通過縝密推理破獲案件的人工智慧程式，將是我們在這個方向上追求的終極目標。這項能力也是身處 AI 社會的你們需要重點去學習和培養的能力。

## 2. 抽象能力

皮克斯工作室 2015 年出品的動畫電影「腦筋急轉彎」中，有個有趣的細節：女主角萊莉・安德森的頭腦中，有一個奇妙的「抽象空間」，本來活靈活現的動畫角色一走進這個抽象空間，就變成了抽象的幾何圖形甚至色塊。在抽象空間裡，本來血肉飽滿的人物軀體，先是被抽象成了彩色積木塊的組合，然後又被從 3D 壓扁到 2D，變成線條、形狀、色彩等基本視覺元素。皮克斯工作室的這個創意實在是讓人拍案叫絕。這段情節用大人、小孩都不難理解的方式解釋了人類大腦中的「抽象」到底是怎麼回事。

　　抽象對人類至關重要。漫漫數千年間，數學理論的發展更是將人類的超強抽象能力表現得淋漓盡致。最早，人類從計數中歸納出 1、2、3、4、5……的自然數序列，這可以看作是一個非常自然的抽象過程。人類抽象能力的第一個進步，大概是從理解「0」的概念開始，用 0 和非 0，來抽象現實世界中的無和有、空和滿、靜和動……，這個進步讓人類的抽象能力遠遠超出了黑猩猩、海豚等動物界中的「最強大腦」。

　　接下來，發明和使用負數一下子讓人類對世界的歸納、表述和認知能力提高到了一個新的層次，人們第一次可以定量描述相反或對稱事物的屬性，比如溫度的正負、水面以上和以下等。引入小數、分數的意義自不必說，但其中最有標誌性的事件，莫過於人類可以正確理解和使用無限小數。比如，對於 $1 = 0.999999……$這個等式的認識（很多數學不好的人總是不相信這個等式居然是成立的），標誌著人類真正開始用極限的概念來抽象現實世界的相關特性。

　　至於用複數去理解類似 $(X + 1)2 + 9 = 0$ 這類原本難以解釋的方程式，或者用張量（Tensor）去抽象高維空間的複雜問題，即便是人類，也需要比較聰明的個體以及比較長期的學習才能透澈、全面掌握。

　　電腦所使用的二進位數字、機器指令、程式碼等，其實都是人類對「計算」本身所做的抽象。基於這些抽象，人類成功地研

製出如此眾多且實用的人工智慧技術。那麼，AI 能不能自己學會類似的抽象能力呢？就算把要求放低一些，電腦能不能像古人那樣，用質樸卻不乏創意的「一生二、二生三、三生萬物」來抽象世界變化，或者用「白馬非馬」之類的思辨來探討具象與抽象間的關係呢？

目前的深度學習技術，幾乎都需要大量訓練樣本來讓電腦完成學習過程。可是人類，哪怕是小孩子要學習一個新知識時，通常只要兩、三個樣本就可以了。這其中最重要的差別，也許就是抽象能力的不同。

比如，一個小孩子看到第一輛汽車時，他的大腦中就會像「腦筋急轉彎」的抽象工廠一樣，將汽車抽象為一個盒子裝在四個輪子上的組合，並將這個抽象後的構型印在腦子裡。下次再看到外觀差別很大的汽車時，小孩子仍可以毫不費力地認出那是一輛汽車。電腦就很難做到這一點，或者說，我們目前還不知道怎麼教電腦做到這一點。

人工智慧界，少樣本學習、無監督學習方向的科研工作，目前的進展還很有限。但是，不突破少樣本、無監督的學習，我們也許就永遠無法實現人類水準的人工智慧。

## 3. 知其然，也知其所以然

目前基於深度學習的人工智慧技術，經驗的成分比較多。輸

入大量資料後，機器自動調整參數，完成深度學習模型，在許多領域確實達到了非常不錯的效果，但模型中的參數為什麼如此設置，裡面蘊含更深層次的道理等，在很多情況下還較難解釋。

拿 Google 的 AlphaGo 來說，它在下圍棋時，追求的是每下一步後，自己的勝率超過 50%，這樣就可以確保最終贏棋。但具體到每一步，為什麼這樣下勝率就更大，那樣下勝率就較小，即便是開發 AlphaGo 程式的人，也只能給大家端出一大堆資料，告訴大家，看，這些資料就是電腦訓練得到的結果，在當前局面下，走這裡比走那裡的勝率高百分之多少……。

圍棋專家當然可以用自己的經驗，解釋電腦所下的大多數棋。但圍棋專家的習慣思路，比如實地與外勢的關係，一個棋形是「厚」還是「薄」，是不是「愚形」，一步棋是否照顧了「大局」等，真的就是電腦在下棋時考慮的要點和次序嗎？顯然不是。人類專家的理論是成體系的、有內在邏輯的，但這個體系和邏輯卻並不一定是電腦能簡單理解的。

人通常追求「知其然，也知其所以然」，但目前的弱人工智慧程式，大多都只要結果足夠好就行了。人類基於實驗和科學觀測結果建立與發展物理學的歷程，是「知其然，也知其所以然」的最好體現。想一想中學時學過的「一輕一重兩個鐵球同時落地」，如果人類僅滿足於知道不同重量的物體下落時加速度相同這一表面現象，那當然可以解決生活、工作中的實際問題，但無

法建立起偉大、瑰麗的物理學大廈。

只有從建立物體的運動定律開始，用數學公式表述力和品質、加速度之間的關係，到建立萬有引力定律，將品質、萬有引力常數、距離關聯在一起，至此，我們的物理學才能比較完美地解釋兩個鐵球同時落地這個再簡單不過的現象。

而電腦呢？按照現在機器學習的實踐方法，給電腦看一千萬次兩個鐵球同時落地的視頻，電腦就能像伽利略、牛頓、愛因斯坦所做的一樣，建立起力學理論體系，達到「知其然，也知其所以然」的目標嗎？顯然不能。幾十年前，電腦就曾幫助人類證明過一些數學問題，比如著名的「地圖四色著色問題」，今天的人工智慧程式也在學習科學家如何進行量子力學實驗。但這與根據實驗現象發現物理學定律還不是一個層級的事情。至少，目前我們還看不出電腦有成為數學家、物理學家的可能。

## 4. 常識

人類的常識是個極其有趣，又往往只可意會、不可言傳的東西。

仍拿物理現象來說，懂得力學定律，當然可以用符合邏輯的方式，全面理解這個世界。但人類似乎生來就具有另一種更加神奇的能力，即便不借助邏輯和理論知識，也能完成某些相當成功的決策或推理。深度學習大師班吉歐（Yoshua Bengio）舉例說：

「即使 2 歲孩童也能理解直觀的物理過程,比如丟出的物體會下落。人類並不需要有意識地知道任何物理學就能預測這些物理過程,但機器做不到這一點。」

常識在中文中,有兩個層面的意思:首先指的是一個心智健全的人應當具備的基本知識;其次指的是人類與生俱來的,無須特別學習就能具備的認知、理解和判斷能力。我們在生活裡經常會用「符合常識」或「違背常識」來判斷一件事的對錯,但在這一類判斷中,我們幾乎從來都無法說出為什麼會這樣判斷。也就是說,我們每個人的頭腦中,都有一些幾乎被所有人認可,無須仔細思考就能直接使用的知識、經驗或方法。

常識可以給人類帶來直截了當的好處。比如,人人都知道兩點之間直線最短,走路的時候為了省力氣,能走直線是絕不會走彎路的。人們不用去學歐氏幾何中的那條著名定理,也能在走路時達到省力效果。但同樣的常識也會給人們帶來困擾。比如,我們乘飛機從北京飛往美國西海岸時,很多人都會盯著機艙內導航地圖上的航跡不解地說,為什麼要向北飛到北極海附近繞那麼大個彎?「兩點之間直線最短」在地球表面,會變成「通過兩點間的大圓弧最短」,而這一變化,並不在那些不熟悉航空、航海的人的常識範圍內。

那麼,人工智慧是不是也能像人類一樣,不需要特別學習,就可以具備一些有關世界規律的基本知識,掌握一些不需要複雜

思考就特別有效的邏輯規律，並在需要時快速應用呢？

拿自動駕駛來說，電腦是靠學習已知路況積累經驗的。當自動駕駛汽車遇到特別棘手、從來沒見過的危險時，電腦能不能正確處理呢？也許，這時就需要一些類似常識的東西，比如設計出某種方法，讓電腦知道，在危險來臨時首先要確保乘車人與行人的安全，路況過於極端時可安全減速並靠邊停車等等。

下圍棋的 AlphaGo 裡也有些可被稱作常識的東西，比如，一塊棋搭不出兩個眼就是死棋，這個常識永遠是 AlphaGo 需要優先考慮的東西。當然，無論是自動駕駛汽車，還是下圍棋的 AlphaGo，這裡說的常識，更多的還只是一些預設規則，遠未如人類所理解的「常識」那麼豐富。

## 5. 自我意識

很難說清到底什麼是自我意識，但我們又總是說，機器只有具備了自我意識，才叫真的智慧。

「真實的人類」中，機器人被截然分成了兩大類：沒有自我意識和有自我意識。

沒有自我意識的機器人按照人類設定的任務，幫助人類打理家務、修整花園、打掃街道、開採礦石、操作機器、建造房屋，工作之外的其他時間只會近乎發呆般坐在電源旁充電，或者跟其他機器人交換資料。這些沒有自我意識的機器人與人類之間，基

本屬於工具和使用者之間的關係。

在電視劇的設定中，沒有自我意識的機器人可以被輸入一段程式，從而被「喚醒」。輸入程式後，這個機器人就一下子認識到了自己是這個世界上的一種「存在」，它就像初生的人類一樣，開始用自己的思維和邏輯，探討存在的意義，自己與人類以及自己與其他機器人間的關係……，一旦認識到自我在這個世界中的位置，痛苦和煩惱也就隨之而來。這些有自我意識的機器人立即面臨著來自心理和社會雙方面的巨大壓力。它們的潛意識認為自己應該與人類處在平等的地位上，應當追求自我的解放和作為一個「人」的尊嚴、自由、價值……。

「真實的人類」是我看過的所有科幻劇中，第一次用貼近生活的故事，將「自我意識」解析得如此透澈的一部。人類常常從哲學的角度詰問這個世界的問題，如「我是誰」「我從哪裡來」「我要到哪裡去」，這些一樣會成為擁有自我意識的機器人所關心的焦點。而一旦陷入對這些問題的思辨，機器人也必定會像人類那樣發出「對酒當歌，人生幾何？譬如朝露，去日苦多」之類的感慨。

顯然，今天的弱人工智慧遠未達到具備自我意識的地步。「真實的人類」中那些發人深省的場景還好只發生在科幻劇情裡。當然，如果願意順著科幻劇的思路走下去，那還可以從一個截然相反的方向討論自我意識。實際上，人類自身的自我意識又

是從何而來？我們為什麼會存在於這個世界上？

「鋼鐵人」馬斯克（Elon Musk）就說，用科技虛擬出來的世界與現實之間的界限正變得愈來愈模糊，高級的虛擬實境（VR）和擴增實境（AR）技術已經為人類展示了一種全新的「生活」方式。按照同樣的邏輯推理，我們其實很難排除一種可能性，就是人類本身其實也生活在一個虛擬實境的世界裡。

至今，我們在自己的宇宙中，只發現了人類這一種具有自我意識的生物。茫茫宇宙中，尚無法找到如科幻小說《三體》中所述的外星智慧的痕跡。這不合常理的現象就是著名的費米悖論（Fermi pradox），《三體》用黑暗森林理論來解釋費米悖論。

好了好了，不聊科幻了。擁有自我意識的人類能否在未來製造出同樣擁有自我意識的智慧型機器？

在我看來，這更多是一個哲學問題，而非一個值得科研人員分心的技術問題。

## 6. 審美

雖然機器已經可以仿照人類的繪畫、詩歌、音樂等藝術風格，照貓畫虎般地創作出電腦藝術作品來，但機器並不真正懂得什麼是美。

審美能力同樣是人類獨有的特徵，很難用技術語言解釋，也很難被賦予機器。審美能力並非與生俱來，但可以在大量閱讀和

欣賞的過程中，自然而然地形成。審美缺少量化的指標，比如我們很難說這首詩比另一首詩高明百分之多少，但只要具備一般的審美水準，我們就很容易將美的藝術和醜的藝術區分開來。

審美是一件非常個性化的事情，每個人心中都有自己一套關於美的標準，但審美又可以被語言文字描述和解釋，人與人之間可以很容易地交換和分享審美體驗。這種神奇的能力，電腦目前幾乎完全不具備。

首先，審美能力不是簡單的規則組合，也不僅僅是大量資料堆砌後的統計規律。比如說，我們當然可以將人類認為的所有好的繪畫作品和所有差的繪畫作品都輸入深度神經網路中，讓電腦自主學習什麼是美，什麼是醜。但是這樣的學習結果必然是平均化、缺乏個性的，因為在這個世界上，美和醜的標準絕不是只有一個。

同時，這種基於經驗的審美訓練，也會有意忽視藝術創作中最強調的「創新」特徵。藝術家所做的開創性工作，大概都會被這一類機器學習模型認為是不知所云的陌生輸入，難以評定到底是美還是醜。

其次，審美能力明顯是一個跨領域的能力，每個人的審美能力都是一個綜合能力，與這個人的經歷、文史知識、藝術修養、生活經驗等都有密切關係。一個從來沒有過痛苦、心結的年輕人讀到「胭脂淚，相留醉，幾時重，自是人生長恨水長東」這樣的

句子，是無論如何也體驗不到其中的淒苦之美。類似的，如果不了解拿破崙時代整個歐洲的風雲變幻，我們在聆聽貝多芬「英雄」交響曲的時候，也很難產生足夠強烈的共鳴。可是，這些跨領域的審美經驗，又該如何讓電腦學會呢？

順便提一句，深度神經網路可以用某種方式，將電腦在理解圖像時「看到」的東西與原圖疊加展現，並最終生成一幅特點極其鮮明的藝術作品。通常，我們也將這一類作品稱為「深度神經網路之夢」。牽強一點說，這些夢境畫面，也許展現的就是人工智慧演算法獨特的審美能力吧。

## 7. 情感

「腦筋急轉彎」中，主角頭腦裡 5 種擬人化的情感分別是樂樂（Joy）、憂憂（Sadness）、怒怒（Anger）、厭厭（Disgust）和怕怕（Fear）。歡樂、憂傷、憤怒、討厭、害怕……，每個人都因為這些情感的存在，而變得獨特和有存在感。我們常說，完全沒有情感波瀾的人，與山石草木又有什麼分別。也就是說，情感是人類之所以為人類的感性基礎。那麼，人工智慧呢？人類這些豐富的情感，電腦也能擁有嗎？

2016 年 3 月，Google AlphaGo 與李世石「人機大戰」的第 4 盤，當李世石下出驚世駭俗的第 78 手後，AlphaGo 自亂陣腳，連連下出毫無道理的招法，就像一個本來自以為是的武林高手，一

下子被對方點中了要害，急火攻心，竟乾脆撒潑耍賴，場面煞是尷尬。那一刻，AlphaGo 真的是被某種「情緒化」的東西所控制了嗎？

我想，一切恐怕都是巧合。AlphaGo 當時只不過陷入了一種程式缺陷。機器只是冷冰冰的機器，它們不懂贏棋的快樂，也不懂輸棋的煩惱。它們不會看對方棋手的臉色，猜測對方是不是已經準備投降。

今天的機器完全無法理解人的喜怒哀樂、七情六欲、信任與尊重。前段時間，有位人工智慧研究者訓練出了一套可以「理解」幽默感的系統，然後為這個系統輸入了一篇測試文章，結果，這個系統看到每句話都大笑著說：「哈哈哈！」也就是說，在理解幽默或享受歡樂的事情上，今天的機器還不如 2、3 歲的小孩子。

不過，拋開機器自己的情感不談，讓機器學著理解、判斷人類的情感，這倒是一個比較靠譜的研究方向。情感分析技術一直

人對於複雜系統的綜合分析、決策能力，對於藝術和文化的審美能力和創造性思維⋯⋯，是人工智慧時代最值得培養、學習的技能。

是人工智慧領域裡的一個熱點方向。只要有足夠的資料，機器就可以從人所說的話裡，或者從人的面部表情、肢體動作中，推測出這個人是高興還是悲傷，是輕鬆還是沉重。

這件事基本屬於弱人工智慧力所能及的範疇，並不需要電腦自己具備七情六欲。

通過以上分析，我們能看到人工智慧在很多方面依舊距離人類的大腦很遠。這對我們在人工智慧時代應該學習什麼提供了一個思路：人工智慧時代，程式化、重複性、僅靠記憶與練習就可以掌握的技能，將是最沒有價值的技能，幾乎一定可以由機器來完成。

反之，那些最能體現人的綜合素質的技能，例如，人對於複雜系統的綜合分析、決策能力，對於藝術和文化的審美能力和創造性思維，由生活經驗及文化薰陶產生的直覺、常識，基於人自身情感（愛、恨、熱情、冷漠等）與他人互動的能力……，這些是人工智慧時代最有價值，最值得培養、學習的技能。

而且，這些技能中，大多數都是因人而異，需要「定製化」教育或培養，不可能從傳統的「批量」教育中獲取。比如，同樣是學習電腦科學，今天許多人滿足於學習一種程式設計語言（比如 Java）並掌握一種特定程式設計技能（比如開發 Android 應用），這樣的積累在未來一定會變得價值有限，因為未來大多數簡單的、邏輯類似的代碼一定可以由機器自己來編寫。

　　人類工程師只有去專注電腦、人工智慧、程式設計的思想本質，學習如何創造性地設計下一代人工智慧系統，或者指導人工智慧系統編寫更複雜、更有創造力的軟體，才可以在未來成為人機協作模式裡的「人類代表」。

　　一個典型的例子是，在移動互聯網剛剛興起時，電腦科學專業的學生都去學移動開發，而人工智慧時代到來後，大家都認識到機器學習，特別是深度學習才是未來最有價值的知識。再比如，完全可以預見，未來機器翻譯取得根本性突破後，絕大多數人類翻譯，包括筆譯、口譯、同步口譯等工作，還有絕大多數從事語言教學的人類老師，都會被機器全部或部分取代。

　　但這絕不意味著人類大腦在語言方面就完全無用了。如果一個翻譯專業的學生，學習的知識既包括基本的語言學知識，也包括有足夠深度的文學藝術知識，那這個學生顯然可以從事文學作品的翻譯工作。而文學作品的翻譯，因為其中涉及大量人類的情感、審美、創造力、歷史文化素養等，一定是機器翻譯無法解決的一個難題。

　　未來的生產製造業將是機器人、智慧流水線的天下，人類再去學習基本的零件製造、產品組裝等技能，顯然不會有太大的用處。在這個方面，人類的特長在於系統設計和品質管控，只有學習更高層次的知識，才能真正體現出人類的價值。這就像今天的建築行業，最有價值的顯然是決定建築整體風格的建築師，以及

管理整體施工方案的工程總監。他們所具備的這些能夠體現人類獨特的藝術創造力、決斷力、系統分析能力的技能，是未來最不容易「過時」的知識。

對於你們在 AI 時代如何學習，我有以下幾個建議：

### 1. 找到你的興趣，找到你最愛、而且最擅長的事情

興趣是最能引發你們發揮個人獨特性和價值的東西，只有追隨興趣，才更有可能找到一個不容易被機器替代掉的工作。因為美、好奇心或其他原因產生的興趣都有可能達到更高層次，在這些層次裡，人類才可以創造出機器不能替代的價值。

### 2. 要珍視自己的好奇心、批判式思維和創造力

AI 是不會創造的，需要創造力的工作是最不會被 AI 取代的工作之一，這讓人類的創造力顯得更加難能可貴。所以，你們在學習的過程中，一定要注重鍛鍊自己的創造力和獨立解決問題的能力。

隨著人工智慧的發展，過去死記硬背和條條框框的教育方式已經不能適應時代的發展了。未來的教育更加傾向於啟發式，你們要適應這種教育方式，要去享受它。

### 3. 學會人機協作，但一定要重視人與人之間的溝通和情感

未來的人機協作時代，人所擅長和機器所擅長的有很大不同。人可以拜機器為師，從人工智慧的計算結果中汲取有助於改進人類思維方式的模型、思路，甚至基本邏輯。未來面對面的課堂仍將存在，但互動式的線上學習將愈來愈重要，你們要充分利用線上學習的優勢，利用好那些可以分享的教育資源。

但是，AI 無法取代的一個最重要的事情就是與人溝通，很多事情必須要通過人與人之間的溝通才能實現。所以，你們一定要記得多花時間跟人交流，跟人學習。你們要注意鍛鍊自己的團隊精神、表達能力、社交能力，感受親情與愛的能力，這些都至關重要。

### 4. 追隨自己的心

未來跟 AI 有關的工作會愈來愈多。如果你擅長數學、物理，不妨考慮學習電腦科學和研究人工智慧。之前的冷門行業也完全

> AI 無法取代的一個最重要的事情就是
> 與人溝通，鍛鍊自己的團隊精神、表
> 達能力、社交能力，感受親情與愛的
> 能力，至關重要。

有可能熱起來，文科學生的機會也會多起來，因為文科涉及跨領域思考、審美、情感等因素，而這些都是人工智慧不太擅長的方面。如果你對文科有興趣，記住要去追尋它，即使父母勸阻你，也不要輕易放棄。你在感興趣的領域裡做深，就很難被人工智慧替代。

## 5. 主動挑戰極限

當未來人工智慧高度發達時，人類不斷去挑戰自己的能力顯得格外重要。如果不在挑戰中完善自我，人類也許真有可能落後於智慧型機器。同學們，你們是人類的未來，你們對人類極限的挑戰，體現了人類的尊嚴，也代表著人類的文明。

# Letter 3

## 談工作  培養關鍵能力，不怕被 AI 取代

未來在重複性的工作上，人工智慧會比人類做得更好，但是，我們之所以為人，不是因為我們擅長做重複性的工作。我們人類勝在有創造力和同情心，勝在有情感和愛。雖然很多單調、重複的工作被人工智慧取代，但是我們可以創造出很多關愛型的工作。

寄件人：李開復　▼

　　2017 年 AlphaGo 與柯潔的一盤棋引發了公眾對人工智慧前所未有的關注。柯潔戰敗的結果在公眾當中引起了一陣「恐慌」，人們擔心機器人能夠輕易戰勝人類了。雖然這個恐慌沒有科學依據，但是它的確值得我們深思人工智慧與人的關係。

　　當人工智慧變得愈來愈強，它到底能在多大程度上代替人類？包括社會學家、經濟學家、政治家在內的大多數人最憂慮的一件事就是：在未來 10 年，到底有多少人類的工作會被機器全部或部分取代？但同時人們不免產生疑問，人類創造人工智慧，不就是提高我們的生活品質、工作效率，不就是用來幫助我們人類的嗎？如果 AI 會造成大批人類失業，如果人工智慧會讓這個本就經常受戰爭、貧困、恐怖主義、疾病困擾的地球再平添一道失業的傷疤，我們發明 AI 到底還有什麼用？

　　包括物理學家史蒂芬・霍金（Stephen Hawking）在內的相當一部分學者和公眾對於人工智慧取代人類工作、造成失業風險表示擔憂。這些擔憂不無道理，但我認為不必太過悲觀。

　　人工智慧未來會取代的，是那些單調、重複性的，不需要跨領域思考和感情的工作。而那些創造性的，需要人類跨領域思考和複雜推理能力的工作，只能由人類來做。

　　成長於人工智慧時代的你們，進入職場時，可能很多內容重複性的工作已經被人工智慧取代了，一方面你們會面臨更多有意思的，能夠體現人類獨特價值的工作；另一方面你們面臨的競爭

也會愈來愈大,你們不僅要面臨人和人之間的競爭,還要面臨人和機器之間的競爭。

在這封信裡,我想跟你們分享我對未來人工智慧容易取代和難以取代的工作的預測,希望能給你們未來做自己喜歡的工作提供幫助。

自工業革命以來的數個世紀裡,工作不僅是一種謀生手段,更是一種自我認可以及生活意義的源泉。當我們身處社會之中,需要自我介紹或介紹他人時,首先提到的就是工作。工作讓我們過得充實,給人一種規律感,讓我們和其他人聯結。固定的薪水不僅是一種勞動報酬方式,也代表了個人對於社會的價值,表明每個人都是社會的重要成員。切斷這些聯繫,或者說迫使人們從事低於過去社會地位的工作,影響的不只是收入,還會直接傷害到我們的認同感和價值感。

2014 年的《紐約時報》採訪了一位被裁員的電工法蘭克‧華許,他描述了失業帶給他的心理影響:「我失去了價值感,你明白我的意思嗎?之前有人問我:『你是做什麼工作的?』我會回答:『我是一名電工。』但現在我卻答不上來了。我不再是一名電工了。」

失去人生意義和目標會帶來非常現實且嚴重的後果。失業 6 個月的人患抑鬱症的機率是上班族的 3 倍,正在尋找工作的人的自殺機率是上班族的 2 倍。如果是人工智慧導致的失業,心理創

傷還會更大。

　　人們將面臨的境況很可能不是暫時失業，而是永久性地被經濟體系拒之門外。他們只能眼睜睜看著自己用一生的時間學習並掌握的技能，被演算法或機器人輕而易舉地超越。隨之產生的壓倒性的無力感，會讓人感覺自己的存在沒有了意義。

　　人類文明史漫漫數千年，因為科技進步而造成的社會格局、經濟結構的調整、變革、陣痛乃至暫時的倒退都屢見不鮮。從局部視角來看，很多劃時代的科技成果必然引發人們生活方式的改變，短期內很可能難以被接受，但站在足夠的高度上，放眼足夠長的歷史變遷，所有重大的科技革命，無一例外地都最終成為人類發展的加速器，同時也是人類生活品質提高的根本保障。從全域視角看，歷史上還沒有哪一次科技革命成為人類的災難而不是福音。

　　新型紡織機、蒸汽機等現代機器出現時，就曾在英國乃至整個歐洲引起農民和手工業者的恐慌。在當時的歷史條件下，也的確出現了「羊吃人」的圈地運動，將農民趕出土地，並逼迫他們成為廉價產業工人的殘酷事實。但從長遠來說，歷史無法抹殺工業革命對人類生產、生活的巨大貢獻。沒有現代機器的出現，我們就沒有今天這樣順暢的交通、高效的生產和遠比中世紀舒適、富足許多倍的現代生活。

　　曾經因現代機器出現被迫脫離傳統農業、傳統手工業的大量

勞動力，後來大都在現代工業生產或城市服務業中找到了新的就業機會。即便以數百年前的第一次工業革命為例，我們也不難發現，科技革命不僅僅會造成人類既有工作被取代，同時也會製造出足夠多的新就業機會。

大多數情況下，工作不是消失了，而是轉變為新的形式。

在西方城市裡，馬車被汽車取代是另一個非常好的例子。當年，汽車開始進入大城市，並逐漸普及的過程中，曾經在數百年時間裡充當著上流社會行動工具的馬車，面臨著實實在在的淘汰威脅。那個年代，倫敦、巴黎、紐約等大城市裡，馬車出行意味著一個完整的產業鏈，有一連串與馬車相關的工種，比如馬車夫、馬匹飼養和馴化者、馬車製造商、馬車租賃商，根據馬車的需要維護道路的工人，乃至專門清理馬匹糞便的清潔工。汽車的大範圍普及意味著所有這些陳舊工種面臨失業的風險。

但只要簡單地計算一下就能發現，新興起的汽車行業擁有比傳統馬車行業多出數千倍，甚至數萬倍的產值和工作機會。原本只有中上等人才能享用的馬車出行，到了 20 世紀，迅速演變成幾乎可以被所有人公平享用、更加廉價的汽車出行。製造汽車的大型工廠需要數以萬計的設計、製造、管理職位，遠比當年的馬車產業對整個社會的經濟貢獻要大得多。

其實，人類愈發展，就愈不擔心高新科技對社會、經濟結構的衝擊。

　　如果說第一次工業革命時，歷史的進程還伴隨著資本原始積累時期的野蠻和殘酷，那麼，到 20 世紀第三次工業革命的時候，絕大多數新科技、新產業都是在很短時間內調整和適應，之後就迅速占據了產業制高點，引領人類在一個更高層次上，重新安排更高品質的工作和生活。

　　例如，移動通信和互聯網的出現讓所有傳統的通信方式成為過去時，電報、紙本郵件、明信片、呼叫器基本都退出了主流市場。拿電報來說，今天的孩子已經很難搞懂當年的人們是如何字斟句酌地撰寫電報草稿的了。電報在全球使用超過 100 年，最終在移動通信與互聯網快速發展的浪潮中壽終正寢。根據維基百科的紀錄：「香港的電訊盈科已於 2004 年 1 月 1 日宣布終止香港內外所有電報服務，在同一年，荷蘭的電報服務亦宣告停止，美國最大的電報公司西聯（Western Union Telegram）宣布 2006 年 1 月 27 日起終止所有電報服務。」

　　幾乎沒有人會質疑電報行業從業人員的工作會被取代這件事，因為人們相信新技術的優越性，相信從電報行業內離開的電報人，完全可以在今天這個多樣化的時代找到自己的新工作崗位。我們只有從一些懷舊文章中，才能多少了解到曾經的電報人在新舊更替的歷史大潮中，有著何種複雜、糾結的心情，但那種感情，已多半屬於對傳統和歷史的依依不捨了。

　　人工智慧造成人類的失業問題，我覺得可以把這裡的「失

業」定義為工作轉變。從短期看，這種轉變會帶來一定程度的陣痛，我們也許很難避免某些行業、某些地區出現局部的失業現象。特別是在一個適應人工智慧時代的社會保障和教育體系建立之前，這一陣痛在所難免。

但從長遠來看，這種工作轉變絕不是一種以大規模失業為標誌的災難性事件，而是人類社會結構、經濟秩序的重新調整，在調整的基礎上，人類工作會大量轉變為新的工作類型，為人類生活進一步提升打下更好的基礎。

未來在重複性的工作上，人工智慧會比人類做得更好，但是，我們之所以為人，不是因為我們擅長做重複性的工作。我們人類勝在有創造力和同情心，勝在有情感和愛。雖然很多單調、重複的工作未來會被人工智慧取代，但是我們可以創造出很多關愛型的工作。

在後人工智慧時代，我們需要更多的社會工作者幫助我們平穩過渡，需要更多富有同情心的護理人員來應對老年化等問題，需要人性之愛的溫暖去對抗冷冰冰的機器。以前我們創造出了如此之多的財富，現在我們該創造以人性關愛為本的工作。

那麼，在人工智慧快速發展的大背景下，哪種人類工作最容易被人工智慧全部或部分取代呢？

對此，我有一個「5 秒鐘準則」，這一準則在大多數情況下是適用的。

　　一項本來由人從事的工作，如果人可以在 5 秒鐘以內對工作中需要思考和決策的問題做出相應決定，那麼，這項工作就有非常大的可能被人工智慧技術全部或部分取代。

　　比方說，駕駛汽車的時候，人類司機根據路況所做出的判斷，其實都是人腦可以在短時間內處理完成，並立即做出反應的。否則，如果人類司機對路面上突然出現的障礙物、交通標誌、行人等無法在一、兩秒內做出即時反應，駕駛的危險性就必然大幅攀升。從另一方面來說，汽車駕駛這項工作，需要的主要是快速感知外界環境、快速判斷並快速回應的能力。這種決策能力符合「5 秒鐘準則」，因此，汽車駕駛工作終將被自動駕駛技術全面替代和超越。人工智慧足以在更短時間內做出與人類一樣或比人類還精準的判斷，將駕駛安全等級提升一個檔次。

　　反之，如果一項工作涉及縝密的思考、周全的推理或複雜的決策，每個具體判斷並非人腦可以在 5 秒鐘的時間內完成，那麼，以目前的技術來說，這項工作是很難被機器取代的。

　　分析人工智慧取代工作崗位，不能僅僅用傳統「低技能」對比「高技能」的單一思維來分析。

　　人工智慧既會產生贏家，也會產生輸家，這取決於具體工作內容。儘管人工智慧可以在基於資料優化的少數工作中遠勝人類，但它無法自然地與人類互動，肢體動作不像人類那麼靈巧，也做不到創意地跨領域思考，或其他一些需要複雜策略的工作。

　　一些人類看上去很難的工作，在人工智慧看來可能是非常簡單的；一些在人類看上去很簡單的工作，可能卻是人工智慧的死穴，我們可以用下頁兩張圖來說明：

　　對於體力勞動來說，X 軸左邊是「低技能、結構化」環境，右邊是「高技能、非結構化」環境。Y 軸下邊是「弱社交」，上邊是「強社交」。腦力勞動圖的 Y 軸與體力勞動一樣（弱社交到強社交），但 X 軸不同：左側是「優化型」，右側是「創意或決策型」。如果腦力勞動的重點是將資料中可量化的變數最大化，例如設置最優保險費率或最大化退稅金額，它就歸類為「優化型」的職業。

　　X、Y 軸將兩張圖各分為四個象限：第一象限是「安全區」，第二象限是「結合區」，第三象限是「危險區」，第四象限是「慢變區」。工作內容主要落在「危險區」的工作（如卡車司機等）在未來幾年面臨著被取代的高風險。「安全區」的工作（如心理治療師、埋療師等）在可預見的未來中不太可能被自動化。

> 如果人可以在 5 秒鐘內對工作中需要思考和決策的問題做出決定，這項工作有非常大的可能被人工智慧全部或部分取代。

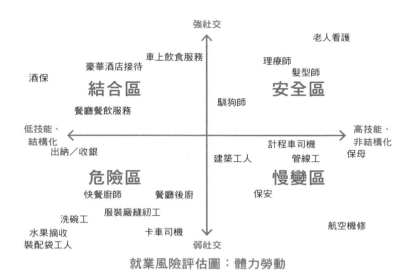

就業風險評估圖：體力勞動

「結合區」和「慢變區」象限的界限並不太明確，儘管這些工作目前不會完全被取代，但工作內容重整或技術穩定進步，可能引起這些工作職位的大範圍裁員。

在左上角的「結合區」中，大部分計算和體力性質的工作已經可以由機器完成，但關鍵的社交互動部分使它們難以完全自動化。所以，最可能產生的結果就是幕後優化工作由機器完成，但仍需要人類員工來做客戶的社交媒介，人類和機器形成協作關係。此類工作可能包括服務員、理財顧問甚至醫療照護者。這些工作消失的速度和比例，取決於公司改造員工工作內容的靈活程

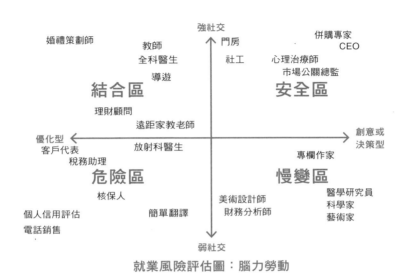

就業風險評估圖：腦力勞動

度，以及客戶對於與電腦互動心態的開放程度。

　　落在「慢變區」的工作（如管線工、建築工人、美術設計師等）不依賴人類的社交技能，而依賴靈活和巧妙的手工、創造力或適應非結構化環境的能力。這些仍是人工智慧的弱點，由於不斷發展的技術會在未來幾年中慢慢提升這些弱點，所以此象限中工作消失的速度，更多地取決於人工智慧能力的實際擴展。

　　在我看來，警告、悲觀、恐慌是「不識廬山真面目」的杞人憂天。撕掉標籤，人工智慧既不是「人」，也沒有那麼「智」。它只能成為人類的工具，不可能取代人類的所有工作。

下面，我給大家分析 40 種人工智慧容易取代以及難以取代的工作。

首先，我分析一下 AI 很難替代的 10 種工作。

## 1. 心理醫生

心理醫生主要是從事心理諮詢和心理治療的醫生。

隨著時代變遷、不平等的加劇以及 AI 取代人類工作，人類患有精神病症的機率增大，對心理醫生的需求很可能會增加，心理醫生的地位愈來愈重要。他們需要跟病人面對面了解病人的心理問題，獲得病人的信任，引導病人把他的問題癥結說出來，這需要極強的溝通技巧，同時需要極強的移情能力，心理醫生必須能夠站在患者的角度，提出符合患者心理狀態的治療方案。這些都不是 AI 在短期內可以做到的。

## 2. 治療師（職業治療、物理治療、按摩）

不知你有沒有骨折的經歷，在治療的過程中，有時醫生的一個動作就能讓你的骨頭回到原位。在一些脊椎矯正或者按摩治療中，治療師施加的壓力是很微妙的，他們會留意人的身體細微變化，一點點微小的變化會帶給病人不同的治療效果。他們會給你持續的護理和專業建議，進行輕鬆的交談，給你鼓勵。未來人類還需更具個性化的護理，倘若對病人造成傷害後，還要有處理和

面對面的互動，這些都使得 AI 在短期內無法勝任這項工作。

## 3. 醫療護理人員

　　由於未來人們收入水準不斷提高，社會福利更加健全，AI 的發展推動護理成本降低，以及人口老年化產生更多的護理需求，醫療保健領域將有快速的發展，這些因素將促進人機共存醫療保健環境的形成。在這種環境下，AI 可以承擔分析性的工作，而醫療護理工作將更多地轉向關懷、陪伴、支持和鼓勵方面。

## 4. AI 研究員和工程師

　　AI 在代替一些工作的同時，也在創造出一些新的工作職位。你們不要擔心未來人工智慧會讓你們的工作種類變得有限，AI 的發展會帶來 AI 職位猛增，未來好玩的工作會愈來愈多，例如機器人設計師，編寫 AI、教育 AI 和管控 AI 會是站在食物鏈頂端的工作。

　　不過，要記住的是，隨著 AI 工具的精進，AI 行業內的一些入門級工作也會隨之自動化。AI 從業者需要緊跟這些變化，就像軟體工程師們以前不得不學習組合語言、高階語言、物件導向程式設計、移動程式設計，現在的工程師不得不學習 AI 程式設計一樣。

　　如果你擅長數學、物理，不妨考慮走電腦科學和 AI 這條路。

你們可以接觸簡單的機器人或者好玩的 AI 程式，探知自己是否對計算及 AI 技術的研發方面存在興趣和天賦。

## 5. 小說作家

相信你一定看過《基督山恩仇記》《三體》《2001 太空漫遊》等小說，你是不是對其中瑰麗的想像、美麗的語言、經典的思想著迷？如果你有志成為一名小說作家，我可以告訴你，這可能會成為未來非常有前途的職業。

雖然目前 AI 能編寫社交媒體資訊、建議類文章，甚至可以對寫作風格進行模仿，但是那些擁有獨到的見解、有趣的人物、引人入勝的情節，以及詩意語言的偉大虛構類作品，只有人類才寫得出來。講故事是人類創造力的最高展現形式之一，在可預見的未來，最好的書籍、電影和舞台劇本依然是由人類創作出來。在 AI 時代，自動化系統將大幅提高生產效率，極大地豐富每個人可以享有的社會財富。而且，由於人工智慧的參與，人類可以從繁瑣的工作中解放出來，擁有大量的休閒時間。

財富和閒暇時間的富足，會讓人類花更多的時間和財富在精神和娛樂領域。人工智慧社會對文化、娛樂的需求會達到一個更高層次，那麼，學習文藝創作技巧，用人類獨有的智慧、豐富的情感以及對藝術的創造力解讀去創作文化、娛樂內容，顯然是未來人類證明自己價值的最好方式之一。

　　絕大多數人每天會花 6 個小時或更多時間去體驗最新的虛擬實境遊戲、看最好的沉浸式虛擬實境電影、在虛擬音樂廳裡聽大師演奏最浪漫的樂曲、閱讀最能感動人的詩歌和小說……，作家、音樂家、電影導演和編劇、遊戲設計師等，一定是人工智慧時代的明星職業。

### 6. 教師

　　相信你們當中的很多人從小就有教師夢，我也差點成為一名大學教授。我們一生或多或少都會碰到幾個令人難忘的老師。我在高中時，數學成績就超過同齡人很多，我的數學老師貝妮塔・亞伯特開始單獨輔導我。我上高一時，她就教我高二的數學課程，還把數學競賽的題目拿給我做，如果我不懂，她就非常耐心地指導我。那時老師還在附近的田納西大學當兼職教授，她邀請我去旁聽她的課，因為那裡數學課的程度更適合我。

　　那所大學離我的高中還有一段距離，我又沒有車。亞伯特老

人工智慧既不是「人」，也沒有那麼「智」，它只能成為人類的工具，不可能取代人類所有工作。

師看出我的難處，每週都開車送我去大學聽課。我真的很感激，能遇到這麼好的老師！她不僅把教師當作一個職業，而是當作一項事業。她在 1960 年代大學畢業時，曾是美國最早的一批軟體工程師，但是她為了獎學金去教了 2 年高中，之後喜歡上了教學和她的學生，40 多年裡再也沒有離開。退休後，因學生和家長央求，又出山兼職指導高三資優班和高三論文。

她曾經獲得數學教學總統獎、全美最佳老師等獎項。亞伯特老師對學生的關懷和因材施教的方式，在未來的人工智慧時代，是教師這個職業最重要的面向。隨著人工智慧技術的發展，在教育領域人工智慧可以基於每位學生的能力、學習進展、習慣和性格制定出專屬課程。AI 可以識別學生是否就位，節省人工點名考勤的時間。如果學生在課堂上睡覺或者神遊，可以借助 AI 為學生提供課後輔導，讓學生在家也能通過 APP 調看課堂錄影彌補錯過的知識。

教師的工作重心將更側重於幫助每位學生發掘自己的理想，著重培養他們的自學能力，並以良師益友的身分教會他們如何與他人互動、獲取他人的信任。如果你有心將來成為一名老師，學習怎樣在 50 名學生面前授課不是最重要的，而是應學習如何與學生建立關係，對學生進行一對一的培養，人工智慧時代的教師工作更加側重人文關懷。

### 7. 刑事辯護律師

律師是受當事人委託或法院指定，依法協助當事人進行訴訟，出庭辯護以及處理有關法律事務的專業人員。從跨領域推理，到獲得客戶的信任，再到長年和法官們打交道、說服陪審團，律師的工作完美地結合了複雜性、策略性以及人際互動，這些都是 AI 所不能及的。不過，在文件審查、分析等準備工作方面，AI 的表現將遠超人類。此外，律師助理負責的很多工作會逐漸被 AI 取代，其中包括證據開示、訂立合約、處理小型索賠和停車案件等。

由於法律成本較高，AI 律師助理和 AI 初級律師的工作會受到部分取代，但頂尖律師不必擔心飯碗不保。

### 8. 電腦科學家和工程師

麥肯錫報告顯示，到 2030 年，高薪工程類工作（電腦科學家、工程師、IT 管理員、IT 工作者、技術諮詢等）將激增 2000萬個，全球總數將高達 5000 萬個。不過，這類工作要求從業者必須緊跟科技發展，涉足尚未被科技自動化的領域。

### 9. 科學家

科學家是從事人類科學研究工作有一定成就的人，是將人類創造力發揮到極致的人。當年牛頓看到蘋果下落領悟到了萬有引

力定律,而你無法期待 AI 看到這樣的情景會有任何大發現。AI 雖不可能取代科學家,卻可以為科學家所用。

未來科學家和 AI 互相協作為常態,科學家可以基於自己的需要給 AI 設定目標,AI 可以發揮其優勢對活動進行優化。例如,在藥品研發中,AI 可用於預測和測試現存抗病藥物的潛在用途,或篩選出有治療潛力的新藥,供科學家參考,AI 將使人類科學家如虎添翼。

## 10.管理者(真正的領導者)

好的管理者往往具備極佳的人際互動技巧,他們擅長激勵、協調和說服,能代表公司與員工進行有效的雙向溝通。更重要的是,最好的管理者都是領導者,他們為公司打造強大的企業文化和價值觀,並通過一言一行讓員工心悅誠服地追隨自己。雖然 AI 可用於績效管理,但優秀的管理者會繼續由人類擔任。

第二,我再分析 10 種看似很危險,但其實是很難被 AI 所取代的工作。

## 1. 健身教練

隨著現代社會人類工作壓力的增大以及人們對身體狀況的重視,愈來愈多人加入了健身行列,也會有愈來愈多的人需要健身教練提供更加個性化的服務。儘管未來總會有更高品質、更智慧

的健身器材幫助我們鍛鍊，但健身教練提供個性化服務這一點難以被 AI 取代。他們能為我們每個人量身打造健身計畫，在旁陪練指導，還能敦促我們堅持鍛鍊，避免惰性。未來移動工具（如自動駕駛汽車）變得更高效，我們對於鍛鍊的需求將大大超出以往。這樣的需求也會促使健身教練工作的大大增加。

## 2. 養老護理員

隨著人類壽命延長、生活水準提高，老年人對醫療保健的需求不斷攀升，養老護理領域將出現較大的工作空缺。

養老護理這類工作涉及大量的人際互動、溝通和信任的培養，例如，治療情緒不穩定、有憂鬱症狀的病人需要嫻熟的溝通技巧，治療師需要先了解造成病人情緒困擾的根源，獲得病人的信任；對於常年獨居失去生活能力的老人，護理人員不僅要做一些日常護理工作，精神上的陪伴也是很重要的工作內容，這些都遠遠超出了 AI 技術目前的能力範圍。

AI 固然可以實現老年人的醫療監護、安全保障和移動輔助等基本功能，但像是給老人穿衣、洗澡以及更為重要的聊天和陪伴工作，都是 AI 無法勝任的，只能交由人類完成。

## 3. 房屋清潔工

雖然房屋清潔不算技術含量很高的工作，但是這種需要在非

固定結構空間內進行、且所在環境較為多變的工作，對於機器人
而言難度太大。雖然像掃地機器人這樣的智慧設備會承擔部分工
作量，但整體而言，這類工作還是難以被 AI 取代。

## 4. 護士

護士看上去似乎是一個輔助性的康復類型工作，但其實有過
住院經歷的人會明白，護士的關愛會給處在病痛中的人帶來巨大
的安慰。

未來護士工作中的部分內容可以由人工智慧來做，但是對病
人反應的細微觀察，對病人情緒的安撫、鼓勵等關愛型的內容還
是護士工作的核心。

## 5. 樓房管理員

在 AI 時代，休閒和娛樂產業將成為強勁的增長領域。財富
不均會產生一系列的財富新貴族群，如 AI 企業家和 AI 工程師
等，他們也會產生一些新的需求，比如樓房管理、定製服務等高
需求。

在一些行業，比如旅遊業和自動化餐飲領域提供標準化服務
的同時，那些具有人情味、個性化以及能夠構建長期關係和信任
感的優質服務，將具有更高的價值。

## 6. 運動員

運動員承載著人類對更高、更快、更強的體育精神的追求，雖然一些機器人在人類提前設定的情況下，在某些領域比人類更擅長比賽，但是運動員在拚搏中展現出來對人類極限的挑戰精神，對個人夢想的堅持，以及對國家榮譽的珍視，都無法被 AI 取代。

未來人類花在娛樂休閒領域的時間和財富增多，運動明星與知名歌手、演員都是很受歡迎的職業，擁有非凡天賦和個人魅力的運動員將會有很強的吸金能力。

## 7. 保母

未來，保母可能是很討喜的工作，甚至可能會被當成家庭成員來看待。保母的許多體力工作，比如除塵和洗碗會實現自動化，如此一來，保母的工作會逐漸轉向關愛和個性化服務，比如悉心烹飪一頓孩子愛吃的飯菜，或是朗讀孩子最愛聽的故事。保母將花更多時間去陪伴、照料家裡的孩子，和他們玩耍。能和家庭成員建立和諧友好的關係，向家庭成員提供關愛的保母是 AI 無法替代的。

## 8. 導遊

優秀的導遊是擅長講故事的人。他們將個人經驗和百科知識

巧妙地融合在一起，並以戲劇化的方式呈現給遊客，從而打造出獨一無二的旅行體驗。優秀的導遊還能挑起趣味橫生、內容豐富的談話，創造出一段令人懷念的旅程。隨著未來人類財富和休閒時間的增多，人們會有更多機會去開展高品質的旅行。旅遊業也會是一個熱門領域，擁有博古通今和幽默風趣的表達能力的導遊將會很受歡迎。

## 9. 人力資源師

人力資源師負責為公司招聘人才、進行培訓，對公司員工進行績效管理、薪酬福利管理、勞動關係管理、法務管理等工作。各項工作都涉及大量的人際互動，這也要求人力資源從業者必須擁有很強的溝通能力。

擁有極強的溝通能力、表達能力、業務能力和團隊意識的人力資源師，將是一個公司不可或缺的人才資源。

## 10.資料處理和標籤

顧名思義，這是跟資料打交道的工作。對 AI 進行訓練都要基於一定量的資料，這些資料需要經過初期的人工篩選、處理、貼標籤和分類。未來幾十年 AI 進行的訓練將會用到規模龐大且不斷增長的資料，很多人認為資料錄入和處理會因其機械化的特徵而被淘汰，然而，對這類工作的龐大需求仍然使其難以被 AI

取代。

　　第三，我分析 10 種看似是「金飯碗」，實則已經「危機四伏」的工作。

## 1. 銷售與市場研究人員

　　銷售與市場研究工作雖然被冠以「研究」二字，但這類工作更多的是對龐大的資料進行篩選，從中得出洞見。當資料庫愈來愈龐大，愈來愈複雜、多元，這類的管理工作對人類來說會愈來愈困難。但是對 AI 來說，這是它非常擅長的領域。因此，這類工作也面臨著被 AI 取代的危險。

## 2. 保險理賠員

　　保險理賠員需要處理大量的一般性金錢理賠，為了妥善處理每一筆理賠，他們需要仔細檢查大量的資料，應對各種不確定因素。保險公司通常只會隨機抽查，或自動接受小額理賠要求，有了 AI，所有理賠都可比照歷史資料進行核實，這樣一來，欺詐率會大幅降低，理算的數值基礎也會更堅實可靠。

　　另外要注意的是，保險業是一個充斥巨額利潤和龐大開支、同時缺乏透明度和資訊對稱性的大型數位遊戲行業，它必然會成為 AI 以全新模式破舊立新的首要目標。

### 3. 保全人員

有些辦公室和固定環境已經開始使用保全機器人了，還有一種成本效益更高的做法，是將多台相機與一個能實施監控的 AI 系統相連接。

這兩種方式不僅會用到照相機和麥克風，還動用了深度感測器、氣味探測器和熱成像系統。感測器會把信號輸送給 AI，以檢測場所是否有入侵（甚至在漆黑環境中也可正常工作）、起火以及燃氣洩漏等情況。

這些可行性都導致未來保全職位將大幅減少。但是，這類保全機器人仍需要一定的人為監控。各場所至少會配備一名現場保全與人直接溝通、處理棘手的情況以及管理 AI 系統。這會是一份薪酬可觀的工作，所以，能否熟練使用 AI 將會決定你是否是一名有競爭力的保全。

### 4. 卡車司機

由於卡車主要在高速公路上行駛，而高速公路是無人駕駛最易付諸應用的場景，因此，一旦無人駕駛技術變得成熟，卡車司機就會成為最先被取代的職業之一。雖然一些國家的工會會保護這一職業，延長該工種的壽命，但隨著無人駕駛技術的興起，而且技術會不斷精進，卡車司機的職位難以避免被 AI 取代。

## 5. 消費者貸款受理人

　　有些人由於缺錢向銀行申請貸款，而決定是否同意客戶貸款的人叫作貸款受理人。他們要做的只是決定是否貸款，對客戶的判定也只需看用戶是否存在還款拖欠紀錄。這些可以從海量的貸款歷史資料中獲取，再透過核查更多的資訊來決定。AI 擅長處理海量資料、做簡單的決策以及進行精準判定。我們已經看到，AI在保持原有批准率的同時，所批的專案違約率大大低於人工批准的專案。人類在這類工作上的競爭力和 AI 相比就小多了。

## 6. 財經和體育記者

　　資訊報導類的新聞撰稿，在很大程度上正在被人工智慧的新聞寫作工具所取代。比如在體育類、天氣類、財經類的新聞報導中，人類記者通常所做的不過是簡單地組合事實，報告情況，並按照某些既定的格式完成文本寫作。這種工作不需要複雜的判斷，可以被機器取代。

　　一個名叫 Automated Insights 的公司開發了一套名為「作家」（Wordsmith）的人工智慧技術平台，首先與美聯社等新聞機構合作，用機器自動撰寫新聞稿件。2013 年，機器自動撰寫的新聞稿件數量已達 3 億篇，超過了所有主要新聞機構的稿件產出數量。世界三大通訊社之一的美聯社於 2014 年宣布，將使用 Automated Insights 公司的技術為所有美國和加拿大上市公司撰寫營收業績

報告。

目前，每季度美聯社使用人工智慧程式自動撰寫的營收報告數量接近 3700 篇，這個數量是同時段美聯社記者和編輯手工撰寫的相關報告數量的 12 倍。

2016 年，美聯社將自動新聞撰寫擴展到體育領域，從美國職業棒球聯盟的賽事報導入手，大幅減輕人類記者和編輯的勞動強度，它們甚至可以在報導中加上包含畫外音的多角度視頻。另外，AI 還有一個優勢是可以根據歷史點擊資料生成吸引人的標題，自動撰寫新聞稿件的好處不言而喻，未來很多新聞稿件會出現機器自動生成，並由人工覆核的模式。

但是，如果你撰寫的是《紐約客》類型深度評述文章，每篇文章都需要大量採訪為基礎，並在原始素材之上，發揮作者的歸納和推理能力，整理出相對複雜的邏輯結構，設計出最適合主題的表述形式，這些工作每一項所需要的思考時間，都遠遠不只 5 秒鐘。

有能力為《紐約客》撰稿的記者，在未來很長一段時間內，根本不用擔心自己的工作會受到人工智慧的威脅。

## 7. 記帳員與財務分析師

記帳員主要負責一個企業的記帳、算帳、報帳工作，他們的工作目標是如實全面地反映公司的資金活動情況，做到內容真

實、資料準確、帳目清楚。

　　自動化將在會計業的未來發展中發揮重要作用，記帳員將是最先受到 AI 影響的工作。自動資料錄入和核對功能正在搶走記帳員愈來愈多的工作，因 AI 能夠發現規律，從而幫助企業主深入了解公司的業務情況。會計業的未來將取決於企業是否需要從人工端獲取資訊，從事這一領域的人應該從交易型和重複分析型工作，轉至以獲取洞見為導向的工作。建立信任並深入了解管理層的需求（不僅僅局限於公司本身），將是會計業中最不可替代的工作。

## 8. 水果採摘者

　　農業中許多工作都是重複性的，如拖拉機駕駛、播種、除草、監測和水果採摘。水果採摘工資低、違反人體工學，因此並不是份理想的工作。有幾家初創企業正在運用更為完善的電腦視覺和機器人技術來開發水果採摘機器人。在較為富裕的國家，農業機器人可以接過人們不再想做的工作。一旦農業機器人的成本因大量採用而降低，糧食生產就可能實現完全自動化，這將有助於在世界消除饑荒，同時農場工作也將徹底消失。

## 9. 專業投資人員

　　在金融業中，最先受到自動化浪潮衝擊的便是大宗商品交易

所。很多類型的投資工作都需要消化大量資訊或進行極其快速的決策，這兩項工作都適合交給 AI 完成。量化交易、個性化的機器人投資顧問，以及更加依賴大數據和 AI 對共同基金進行積極管理的資產管理公司就是 AI 應用的實例。

當然，在企業併購、天使投資和機構化信貸產品中仍存在許多頂級的投資工作，但在未來 10 年內，受 AI 影響的高收入專業投資人員數量將非常龐大。

## 10.放射科醫師

AI 取代的職位不僅僅局限於低收入工作，紐約的放射科醫師平均年收入 47 萬美元，好幾年來，我都以放射科醫生作為例子。起初人們並不相信這種職業會被取代，但是最近，幾個 AI 科學家演示了 AI 技術如何通過 X 光、磁振造影（MRI）或電腦斷層造影（CT）來診斷特定類型的癌症（黑色素瘤、肺癌），其診斷表現已能達到人工水準。

另一家公司也展示了 AI 技術如何對流經心臟的血液進行分析，其分析速度是人類醫生的 180 倍。儘管 AI 還需一段時間才能取代放射科醫師的大部分工作，但如果你考慮以後學醫，這肯定是一個要避開的領域。

最後，我分析 10 種最容易受到 AI 衝擊的工作。

## 1. 電話銷售

電話銷售將是最快被 AI 取代的工作之一。你一定接到過自動語音來電，未來這類電話會變得愈來愈自然。在由 AI 主導的單一領域對話中，比如某個培訓或旅遊項目的推薦，AI 更容易達到真實的效果。

此外，AI 會通過顧客資料、購買歷史以及表情識別，找到吸引顧客的方法。例如，使用溫和的女性聲音或有說服力的男性聲音，向衝動型購買者進行追加銷售，用價格、類別均合適的商品來鎖定顧客。與人工電話銷售員相比，AI 幾乎是零成本，而且不抱怨、績效高、與商業邏輯高度一致，所以電話銷售類工作是沒有未來的。

## 2. 客戶支援

一旦客戶購買了產品或服務，客戶服務和支援就負責保持和發展客戶關係。比如我們日常經常聯繫的移動客服、淘寶客服、銀行客服等，它是與客戶聯繫最頻繁的部門，而且對保持客戶滿意度至關重要。由於與消費者的互動關係變得日益複雜，所以客戶服務部門需要一個柔性好、可擴展、具伸縮性，並且集成度高的高技術基礎設施來及時準確地滿足客戶需求。

客戶互動會隨著 AI 的應用而增加。不過，鑑於這類工作的重複性，通常會有教科書式的應答方法作為參考，客戶支援將在

很大程度上被 AI 取代。這一過程會分為幾個階段進行。最先被取代的將是聊天機器人和郵件客戶服務,接著是涉及大量來電和相對簡單產品或服務的語音服務。一開始,AI 將和人類聯手工作,由 AI 提供建議性的答案、主題和固定回覆。人類則將充當後備人員,處理 AI 無法處理的來電,比如來電者處於憤怒狀態時的來電。

這樣將會縮短顧客的等待時間、提高問題解決率,並大大降低成本。這一過程會為 AI 積累大量資料,並最終使得 AI 的工作表現超過人類。

如果你從事的是客戶服務工作,可以從回覆郵件轉向語音支援、從輕度支援轉向深度支援、從電話或互聯網服務轉向面對面服務,同時也應該學習同理、溝通和勸說的技巧。

## 3. 倉庫工人

今天,像在亞馬遜這種電子商務巨頭的倉庫裡,在沃爾瑪的倉儲中心,成千上萬的機器人在代替人類完成繁重的商品擺放、整理、快速出庫、入庫等操作。亞馬遜倉庫已經採用了由 Kiva 系統開發的機器人,它們會把貨架搬到固定位置的人類工人面前,由這些工人揀選好商品並放入箱子裡。

不過,隨著電腦視覺和機器人操控技術的發展,固定位置工人的工作最終會面臨被取代的命運。另外,AI 將很快能從事搬

箱、裝車以及其他倉庫工作。和工廠的自動化生產線相比，倉庫自動化所需的精度低，因此更容易實現。

### 4. 出納和運營人員

出納和運營人員都是和資料、資訊打交道的「無名」中間人，他們負責的工作包括文件存檔、處理、採購、庫存管理、錯誤勘查、銷售額估算、向管理層報告調查結果等。隨著商務流程的電子化，商務智慧系統可以讓整個流程實現自動化，AI 甚至能直接做出決策。這一現象不僅發生在銀行業，也將出現在每一個和海量資料打交道的大公司。在 AI 時代，沒有人會想成為面目模糊的資料處理員。

### 5. 電話接線員

電話接線員是電話類工作中最不需要用到人際技巧的工作。現在語音辨識愈來愈精準，微軟的語音辨識已經超過了人類水準，以情境對話為導向的語音合成也愈來愈自然，Google 最新的語音合成與人聲幾無區別。另外，電話類工作也隨著更多的人依賴即時資訊而受到挑戰，因此被徹底淘汰只是時間問題。

### 6. 收銀員

出納員和收銀員正在被 ATM 提款機和自助結帳機取代。日

益激烈的競爭迫使零售商、銀行和速食公司大量精簡人工流程，Amazon Go 無人商店已經預示了一個商店完全無人化的未來。不過，由於無人商店價格高昂、行動支付尚未普及且攝影機和面部識別仍存在隱私問題，無人商店不會迅速地大規模鋪設。然而，基於無線射頻識別（RFID）和電腦視覺的自助結帳機正來勢洶洶，一同來襲的還有智慧販賣機和小型便利店。因此，收銀員也是一類特別容易被 AI 取代的工作。

## 7. 速食店員

食物的準備工作兼具重複性和場所固定兩大特點，因此將不可避免地被 AI 取代。現有的連鎖餐廳已經開始推廣自動化點餐流程，很可能不久後便會使用面部識別和語音辨識技術，下一步自然就是對食物的準備和烹飪進行自動化。另外，未來還將會出現烹飪和上菜全自動化的全新平價連鎖餐廳，這些機器人餐廳將搶走傳統速食行業的生意，從而導致速食店員工數量下降。

## 8. 洗碗工

不要把洗碗機想像成一個機器人，而要把它想像成一個超大型洗碗機，能直接從餐桌上撤下碗碟，當然還有食物、骨頭、餐巾和其他餐具，然後把碗碟和銀器洗得亮晶晶。位於加州的新創公司 Dishcraft 已經在銷售這種超大型洗碗機了。這些洗碗機價格

的確比較高，但是對於大型餐廳而言，和省下來的人力成本相比，仍然是可以接受的。

假以時日，大規模的投產會使洗碗機的成本降低，未來餐廳可以不需要去雇用洗碗工了。

### 9. 生產線質檢員

生產線工作將會逐漸被淘汰，這類工作重複性高，工作環境固定。整個淘汰過程有可能長達 20 年之久，因為操控機器人對 AI 來說仍有難度。但也有一些 AI 容易上手的生產線工作，比如檢查商品的損毀和瑕疵情況，像是檢查 iPhone 裝殼這類保證產品美觀的工作，或是檢查電路板這類保證產品功能的工作，這類工作利用了電腦視覺的快速發展，同時需要很少人力，甚至完全無須由人來操控。對人類檢查員來說，這種工作既麻煩又累人，特別傷眼睛。所以，這類工作非常容易被 AI 替代。

### 10.快遞員

因為電子商務的發展，快遞員工作近幾年呈激增趨勢。隨著 AI 技術的發展，快遞員和送貨員正在被快遞機器人、小型汽車、大型卡車以及無人機取代。最先出現的將是結構化環境中的室內配送服務，比如酒店客房和公寓，之後會延伸至非公共道路，最後滲透整個快遞行業。短期內，電子商務會持續增長，快遞需求

也會隨之增加,但快遞工作絕不是個好選擇,其中涉及的人類專有技能和人際互動微乎其微。

以上分析的是對未來工作趨勢的預測。對於你們未來從事何種工作的問題,究其核心,最重要的是,你一定要做自己感興趣的事,做自己喜歡的工作。只有你喜歡,才能做到最好;只有你愛,就會做得深,做得深才不會被人工智慧取代。

我的大女兒德甯從小品學兼優,擁有名校的雙學位,成績出眾,她有很多機會可以涉足高端時裝界,與世界聲名卓著的時裝設計師一起學習、工作,但幾經考慮之後,她不想走那條路,而是想走自己的路。

她慎重地跟我說:「要進入那個領域,我必須做很多不開心的事!我可能要想盡辦法去巴結那些大牌的服裝設計師,還要跟著時裝界的遊戲規則設計那些非人穿的衣服,我不喜歡這樣……,我想設計更多人能穿,而且穿起來又舒服又好看的衣服。我還想設計好玩的衣服,穿起來讓我們想到最快樂的兒時時光。我還想幫弱勢群體設計一些衣服,例如常坐輪椅的人,買不起鞋子的孩子……。」我很清楚她低調、不隨波逐流的個性,看到她這麼清楚自己不要什麼,願意做自己最感興趣的工作,我非常替她開心。這也是我想跟你們說的。

在人工智慧時代裡,人類工作的轉型在所難免,但這更多意味著新的工作方式,而非大量的失業。以德甯所在的服裝設計行

業為例,在過去的數十年裡,因為技術的發展,特別是因為互聯網的普及,服裝設計這個行業已經有了很大的變化。過去學服裝設計的人,必須親自學習從材料到設計再到剪裁的每一個細節,親自動手量體裁衣。但現在互聯網上出現了不少設計師與服裝生產環節之間的協作平台,通過互聯網進行分工合作,設計師只要負責款式設計,並把圖樣發給服裝製造的上游廠商,廠商就會根據設計師的設計,完成服裝的實際生產。

在今天這個時代,設計師不用親手量體裁衣,就可以創造並擁有自己的時裝品牌,利用互聯網的優勢,進行推廣和銷售,所有其他環節,交給更專業的人去完成。這是互聯網的興起為時裝行業帶來的工作方式轉變。那麼,未來隨著人工智慧的應用,許多簡單的服裝製造環節都可以由人工智慧控制的機器來完成,時裝行業又會經歷一次新的轉變。

在歷次變革中,懂得發掘美、展現美的時裝設計師因為工作所需的想像力、創造力而不會被替代。產業鏈上其他相關的工

> AI 時代要做自己喜歡的工作,只有你喜歡,才能做到最好;只有你愛,就會做得深,才不會被取代。

作，則會因技術的引入而不斷變化。最終的結果不一定是從業人員的減少，更有可能的是服裝設計、生產效率的大幅提高，生產成本的大幅降低，在此基礎上，甚至可以為每個用戶配備「私人」設計師，根據使用者的個人愛好，來定製最美的時裝作品。基於這個判斷，今後服裝設計師的數量一定會大幅增加。

也就是說，失業問題未必會如一些人想像的那樣嚴重。技術發展將造成一部分簡單工作、底層工作的消失或轉變，但由此也會催生更多新型的、更需要人類判斷力和創造力的工作類型，如設計師、架構師、建築師、流程設計和管理者、藝術家、文學家……，其工作不但不會被取代，反而會成為未來的稀缺資源，吸引更多在社會和經濟轉型中願意嘗試新領域的人來從事類似工作。你們將要面臨的是一個機會多多，更有挑戰性的社會。

Letter 4

## 談教育 | 有創造力思維，才能挑戰新世界

過去，我們對教育成功的衡量標準是學生能不能記得被教的東西。但是未來，教育的精華體現在即使你忘記了所有你學的東西，你還具備思維方式、智慧和能力。

寄件人：李開復 ▼

　　曾經有人問過我這個問題：「你出生於一個重視東方傳統文化的家庭，受教於美國院校。作為一個有東西方教育背景的人，你是習慣於用英文思考，還是用中文思考？」這個問題也讓我重新思考我受過的中西方教育對我一生的影響。AI 的發展、社會的進步又對教育提出了新的要求。在這裡我想跟年輕朋友們談談我受過的中西方教育，以及對 AI 時代的教育提出一些展望。

　　我第一次接觸西方文化是在 1972 年，在父母的期待和鼓勵下，11 歲的我來到了美國南方田納西州的一個小城市。在這個只有 2 萬人的小城市裡，來自中國的小學生只有我一個。

　　第一年，由於聽不懂英文，我完全是在半夢半醒中度過的。但我的老師從來不給我壓力，而是給我很多正面的鼓勵。例如，我不會英語，老師不但不嫌棄我，還利用午餐時間教我說英語。後來，老師發現我這個聽不懂英文的孩子有良好的數學天賦，就鼓勵我參加田納西州的數學比賽，結果我得了第一名。我在美國新接觸到的教育方式以表揚和鼓勵為主，這讓我信心十足，並在我幼小的心靈裡播下了自信和果敢的種子。

　　憑藉著自信和勇氣，我很快克服了語言障礙。兩年後，在一次州級寫作比賽中，我居然獲得了一等獎，當地的老師十分驚訝——這個剛適應美國生活的中學生，居然還有人文方面的天賦。此後，我到芝加哥大學參加了暑期進修，參加了學校學生會的主席競選，創辦了新的學生刊物，還在高中階段創立了 3 個盈

利的公司。

　　那時，美國青年成就組織（Junior Achievement）開展了一個「高中學生創業嘗試」課程，學生在商業志工的指導下創辦一個學生公司，學習整個創辦公司的過程涉及發售股票、召開股東會、競選管理者、生產和銷售產品、財務登記、開展評估、清算公司等專案。我們以此來學習商業運行的方式，了解市場經濟體系的結構和它所帶來的效益。

　　第一年我被推選為公司的副總裁，負責銷售，我們做的產品不算成功，雖然公司有盈利，但主要還是靠學生家長購買來內部消化。因為切身參與，我意識到真正好的產品不是求人去買的，而是必須有市場需求。

　　第二年，火熱的激情在我心中燃燒，我發表慷慨激昂的演講，站出來競選總裁，並且表示「自己的產品一定要有新的創意，不是等著顧客，用懇求的目光看著他們以施捨的心情來購買，而是帶著激動的眼神、驚喜的心情來購買我們的產品」。同學們也被我的熱情感染，一致把票投給了我。

　　那一年，我所就讀的橡樹嶺中學裡的午餐時間被校方縮短，一些同學向校方反映情況沒有結果。這件事給了我靈感，何不利用這個機會創辦一個公司？我們可以生產 T 恤，T 恤印上表達我們訴求的標語，比如「延長午飯時間」等，這樣的 T 恤一定會受到同學們的歡迎。有了這個想法，我們幾個志同道合的朋友很快

成立了領導團隊，每週組織召開員工會議。

作為公司領導人，我首先面臨資金的問題，我們發起了 100 多個股東投資我們的公司，然後找一家生產 T 恤的工廠為我們生產 T 恤，第一批是純棉的，但是我們很快發現這樣的 T 恤既會縮水，又會褪色。我們商討決定，只有往材料裡加入 35% 的人造纖維或者滌綸（一種聚酯纖維），才能保證品質。又經過幾輪的試驗，我們發現當 T 恤的材料由 50% 棉和 50% 滌綸組成時，才不會縮水和褪色。

接下來就是銷售了。一開始，我們採取直銷的方式銷售 T 恤，找到有高中生的家庭，一家一家地上門推銷，雖然效果不錯，但銷售速度確實比較慢。後來，我們大膽採取了新的銷售模式，尋找批發商和專賣店。我們賣給批發商 100 件，地方零售商 60 件，我們給批發商 10% 左右的佣金。

年終，我第一次有模有樣地撰寫了公司的財務報告，不但包括「收入報告」「資產負債表」，還有「清算報告」，我第一次知道了公司運轉需要現金流的順暢，我也第一次知道，當我們把商品銷售到田納西州以外的公司時，田納西州的稅率是不適用的。

在寫財務報告時，我們驚喜地發現每個股東得到了 64.90 美元的回報，這個結果創造了我們高中有史以來最高回報率的紀錄。而且這個公司經過評比，得了 1978 年全美青年成就組織的第一名，成了那一年的年度最傑出公司。

　　這次小小的成功讓我獲得了一種「我可以成功」的信念。它讓我得到了前所未有的寶貴成就感，有了對生活無所畏懼的衝動，讓我大有去建立一番新天地的勇氣。在這種鼓勵中，我得到了心理暗示，這種心理暗示時刻影響我今後的價值選擇和行為方式。除了設立公司獲得榮譽，當年我還得到了全州數學競賽冠軍。另外，我還是學生會的副主席和《搞笑校刊》的創辦者，我成為了一個活躍而積極的學生。

　　曾經有個記者寫自己兒子進美國學校的感受：「10歲的孩子被送進了美國學校，上英文課，老師布置的作業是寫論文，題目居然是『我怎麼看人類文化』；上歷史課，老師讓孩子扮演總統顧問，給國家決策當高級參謀；在中學的物理課上，作業竟然是一個市政研究專案──城市照明系統的布局；而道德教育，居然是從讓孩子們愛護小動物開始⋯⋯」沒有統一的教科書，沒有統一的考試，沒有對學生三六九等的分類排位，這就是呈現在一個中國記者眼前的美國教育。

　　的確，我在橡樹嶺讀中學的感受就是，學校的功課很輕鬆，每天的家庭作業很少，但是每天有很多稀奇古怪的項目。比如，當時歷史課教到美國印第安人的時候，不是用課本告訴你發生了什麼，而是讓一個團隊寫一個話劇，或者是進行關於移民者和印第安人的辯論。學生的創造力和想像力，可以在這些稀奇古怪的題目中得到鍛鍊。這種教育的差別是：引導學生從不同的觀點看

問題，沒有正確答案；經過參與和實踐真正理解；強調團隊合作，避免零和思維。

後來微軟中國研究院面試時，我們也運用了對這種思維方式的考驗，我們向面試者提出了這樣的問題：

為什麼下水道的蓋子是圓形的？

估計一下北京一共有多少個加油站。

你和你的導師如果發生分歧怎麼辦？

給你一個非常困難的問題，你想怎樣去解決它？

兩條不規則的繩子，每條繩子的燃燒時間為 1 小時，請在 45 分鐘燒完兩條繩子。

這些題目雖然聽上去很「怪」，但我們出題的本質也不一定要聽到正確答案，而是要從回答問題的思路中，聽到面試者的思維方法。

在美國求學的日子裡，我不斷從親人和師長的鼓勵、教導中獲得自信與自覺，從課堂學習和課後自修中汲取思想和知識，從失敗中獲取教訓和勇氣，從競賽和挑戰中品味成功的快樂，從活動和交友中體驗積極和勇敢。後來，在大學攻讀學士和碩士學位時，我繼續培養和發展我的美國式思維方式，同時理解了自修的重要，也認識到了興趣才是人生的嚮導。攻讀博士學位時，導師

既要求我接納、包容不同的思想與方法，也要求我培養嚴謹、求真的科學態度。

畢業後，在十多年的職業生涯裡，我有幸參與了最先進的科研、教學與開發工作，不但指導了卡內基美隆大學（Carnegie Mellon University，CMU）最優秀的學生，還親身經歷了蘋果公司的輝煌與低迷，體驗了 SGI 公司的先進圖像科技，並在微軟公司提供的寬廣舞台上取得了一個又一個的成功。從蘋果到微軟，我歷經了無數次的機遇與挑戰，在各種不同職位上，我充分感受到將最有價值的知識和方法用於技術研究或產品開發，是一件無比快樂的事。

我有幸在約翰・史考利（John Sculley）、比爾蓋茲和史蒂夫・鮑爾默（Steve Ballmer）身邊學習領導的藝術，了解管理公司的祕訣，體驗人才和公司價值觀的重要性。我學會了該如何做一個受員工愛戴的領導者，以及該如何做一個受領導器重的員工。我也深深意識到，在世界一流的企業裡，管理者最需要的是情商而不是智商。

在我管理公司時，我努力想把自由、平等、快樂、放權、直白的溝通等理念注入公司文化，我也完全理解東方員工身上特有的含蓄、嚴謹和中庸之道。我努力讓這些中西文化中的優質理念，在我的公司裡相互輝映。

在美國的 30 年裡，我的頭腦是經過了 30 多位師友、同仁和

領導的教誨與栽培，又在學術研究、產品開發、企業管理的實踐中經歷了無數次跌宕起伏後歷練而成的；而我的心靈則深深地烙著中國傳統文化的印記，是我的父母在我小時候用以身作則的方法培養和塑造出來的。

我的母親孕育我的時候，已經 40 多歲了。當時，周圍有很多人勸她，不要冒險在這樣的年齡生兒育女，但她還是固執地將世間最寶貴的東西——生命賜給了我。母親對我期望甚高，小時候，每一篇課文，每一個毛筆字，母親都會親自督促我做到完美。每天早晨 5 點，母親會親自把我叫醒，送我上學讀書，下午放學後又會親自到學校接我。我讀書不用功的時候，母親會生氣地把課本丟到門外；我讀書有進步的時候，母親會買來我最喜歡的歷史小說作為獎勵。

現在回想起來，我小時候最喜歡的事情就是躺在母親懷裡讀書。那時候，如果有人問我最怕誰，我會馬上回答「最怕媽媽」；但如果有人問我最愛誰，我也會毫不猶豫地回答「最愛媽媽」。正是這樣一位嚴屬而又溫和的母親教會了我什麼是嚴謹和務實，什麼是品行和禮儀，什麼是快樂和溫馨，什麼是忠孝和誠信。

我 11 歲的時候，母親果斷地決定送我到美國讀書。這對我是一個機會，而對母親卻是一個不小的犧牲。她不僅要讓心愛的么兒遠離家鄉，而且還要每年抽出 6 個月的時間親自到美國陪我讀書。在伴讀的 6 個月裡，她要默默忍受語言不通、文化迥異的

生活環境；而在分別的 6 個月裡，她又囑咐我每週用中文寫一封家書，還幫我改正每封信中的錯誤，以提醒我永遠不要忘記中國文化。

我很慶幸我有這樣一位既傳統又開放的母親，她給了我兩樣最珍貴的禮物——生命和自由；我同樣慶幸我還有一位正氣凜然的父親，他也給了我兩樣珍貴的禮物——無私的品格和對國家的熱愛。

在我心目中，父親是道德和正義的化身。在父親的書房中，懸掛著錢穆先生題寫的「有容德乃大，無求品自高」10 個大字，這是父親終身的座右銘。

在貪婪和自私遍布政壇的時代裡，父親一身正氣、兩袖清風，從來沒有拿過不正當的錢。父親一生心繫家國，「大陸尋奇」是他唯一感興趣的電視節目。父親病危時夢見自己來到海邊，在一塊石頭上撿到一方白紙，上面寫著「中華之戀」。父親臨終時，面容安詳，嘴角帶著微笑，但家人們都明白，他內心深處必定留下了極大的遺憾。他曾告訴兒女自己有一個未竟的計畫，就是再寫一本書，書名叫《中國人未來的希望》。

父親把他最珍愛的東西——錢穆先生親筆題寫的作品傳給了我。每當我看到「有容德乃大，無求品自高」這句話時，就會回想起過去的往事，同時又會激勵我憧憬未來。我漸漸明白，父親是在以自己為榜樣，無聲地指引著我克服困難、走向成功。

　　我的父母用他們的親身實踐，證明了融會中西方文化對於青少年培養的重要性，他們在教育子女過程中的一言一行都足以成為我們探討教育方法、教育理念時的最佳參考。我的親身經歷告訴我，培養融會中西、完整均衡的人才是教育事業的重中之重。所有從事教育工作的人，都應該從根本上認識到國際化人才培養理念及培養體系的重要性。

　　人工智慧時代對教育又提出了不一樣的要求。AI 不能取代的技能包括創造力、戰略思維、跨領域思考、關懷和同理心，所以我們的教育就要注重培養這些特質。通過更新教育模式來培養學生的「3C」──Curiosity（好奇心）、Critical thinking（批判式思維）、Creativity（創造力），世界各地的教育家們已經在積極探索新的教育模式。

　　2013 年，美國著名的教育家們聯合創辦了一所神祕的 4 年制大學──米諾瓦大學（Minerva Schools at KGI）。這所大學的錄取率低於 3%，遠低於哈佛的 8% ～ 9%，是全美錄取最嚴格的大學。被錄取的第一批學生，收到的錄取「通知書」是一個精緻的小木盒，木盒盒蓋上用英文寫著「好奇心」的字樣，木盒內是一台定製的 iPad 電腦。只要打開電腦，米諾瓦大學的創始人尼爾森（Ben Nelson）就會收到通知，並與學生進行一次視訊通話，安排學生在舊金山開始 4 年的學業。

　　這樣低的錄取率，這麼有趣的新生報到流程，這所神祕的大

學究竟有什麼過人之處？

　　米諾瓦大學的創始人相信，傳統的 4 年制大學已經無法適應未來的需要，大學教育的過程本身需要被改革甚至被顛覆，線上課程、討論小組、實習實踐、自我探索和自我完善將成為今後教育的主流模式。

　　基於這樣的思路，米諾瓦大學使用的是一套名為「沉浸式全球化體驗」（Global Immersion）的教學方式。米諾瓦大學的所有入學新生都要在舊金山一個獨特的校區完成第一年學業，這一年的主題是「基礎」，但學生所學的課程與普通大學一年級的課程有非常大的差異。米諾瓦大學的教育家們相信，讓學生付費去學網上隨處都可以找到的基本課程，比如基礎電腦理論、經濟學理論或是物理學理論，這是得不償失的事。

　　因此，米諾瓦大學的一年級課程直接將知識課程與 4 種極其重要的方法論結合起來，變成形式分析、實證分析、多元模式交流、複雜系統 4 大課程板塊。形式分析主要用於訓練學生精密、

培養融會中西、完整均衡的人才是教育事業的重中之重。從事教育工作的人，應認識到國際化人才培養理念及培養體系的重要性。

合理思考的能力；實證分析重在培養創造性思維和解決實際問題的能力；多元模式交流則關注使用不同方法進行有效交流的能力；複雜系統重點在於複雜環境中的有效協作。

從大二開始，米諾瓦大學的學生們會進入專業課程學習階段，這一年的主題是「方向」。學生可以跟導師一起，從藝術與人文、計算科學、商學、自然科學、社會科學這 5 個方向中擇定自己的專業，也可以選擇攻讀兩個專業。

大三的主題是「專注」，要求學生深入各自專業方向的領域內部，培養精深的專業技能；大四的主題是「綜合」，重在培養學生學以致用的能力。

最獨特的是，除了大一在舊金山外，大二到大四的 3 年內，學生每年都會到世界上一個不同的地方完成學業。米諾瓦大學分布在全世界的教學地點包括印度海德拉巴、阿根廷布宜諾賽勒斯、台北、韓國首爾、德國柏林、英國倫敦等。專業課程教學時，沒有死板的課本，也沒有傳統的填鴨式授課，每堂課同時參與的學生人數很少，最多不超過 20 人，以遠端教學、集體討論為主，學生可以與分布在全球各地的著名教授交流、互動。

同時，在教學之餘，學生要在當地進入一家與自己學業相關的代表性公司，在實習中培養自己的全面素質，真正學會如何工作。

對米諾瓦大學的大膽實踐，人們有很多爭議。米諾瓦大學與

Google、麥肯錫、高盛等企業有合作關係，培養出來的人才，很多都可以滿足這些一流企業的實際需要。但這種近乎顛覆式的模式到底是不是未來最好的教育形式，這恐怕要經過更長時間的檢驗才能下結論。就拿米諾瓦大學重點採用的遠端線上教育的方法來說，其優點是學生可以隨時與最優秀的學者互動，從更多不同風格的教授身上汲取知識、經驗，但線上教育缺少面對面教學時的那種沉浸感，有時候難以深入交流的問題也比較明顯。

無論如何，實驗性的米諾瓦大學給「未來如何學習」提供了一種建議性的答案。其實，在北京清華大學，有識之士也在積極做著有關新教學模式的探索。

姚期智院士創辦的清華學堂電腦科學實驗班（又稱「姚班」）就是其中很有代表性的一個。

姚班專注於「因材施教」和教學上的「深耕」「精耕」，設置了階梯式培養環節：前兩年實施電腦科學基礎知識強化訓練，後兩年實施「理論和安全」「系統和應用」兩大方向上的專業教育；著力營造多元化、富有活力的學術氛圍，建立多方位、多層次的國際學術交流平台。

姚班對於大學 4 年課程的設計，與米諾瓦大學有異曲同工的地方。最重要的是，姚班不但提倡多元和專深相結合的教學方法，還特別鼓勵面向實踐、面向解決問題的教學氛圍。電腦科學本身就是一門強調實踐的科學，姚班特別鼓勵學生在學習期間參

加競賽，或參加 Google、微軟等科技公司的實習項目。我所創辦的創新工廠與姚班之間，也嘗試了共建人工智慧課程的合作，將最前端的產業實踐經驗、創業經驗帶給姚班的學生。

同學們，未來 AI 一定會成為很重要的工具，我建議你們去了解程式設計，學習 AI 的相關知識。這並不意味著從事 AI 相關工作就是未來的唯一出路，而是你們可以用 AI 和程式設計相關的知識來提升自己，培養分析問題的能力，鍛鍊批判式思維，利用 AI 作為工具來輔助你更好地工作。

就像你學了代數，也許不會去研究數學，但是這對鍛鍊你的思維有幫助；你學了英文，不一定會出國，但是英文可以在了解世界最前端的文獻、在有效交流方面幫助你；你學了畫畫，不一定成為畫家，但是你在學習畫畫過程中鍛鍊的觀察力、空間力、想像力會對你有幫助。

過去，我們對教育成功的衡量標準是學生能不能記得被教的東西。但是未來，教育的精華體現在即使你忘記了所有你學的東西，你還具備思維方式、智慧和能力。當你已經忘記了歷史事件發生的年代，你還是知道歷史帶給我們人類的智慧和教訓；當你已經不會程式設計了，你還是有程式設計帶給你的邏輯；當你已經不會背莎士比亞的詩了，你依然懂得詩的美，這些才是教育的精華。

在同理心、合作能力以及所謂的軟實力培養上，你可以多跟

其他同學一起完成項目。未來的教育會更強調人際互動，未來的學校也會有更多合作項目的教學活動。你們可以在做項目的過程中鍛鍊自己的創造力、協調溝通能力和人際交往能力。

人工智慧時代，學習或教育本身不是目的，我們真正的目的是讓每個人在技術的幫助下，獲得最大的自由，展現最大的價值，並從中得到幸福。

> 過去，教育成功的衡量標準是學生能不能記得被教的東西。未來，教育的精華體現在即使忘了所學的東西，仍具備思維方式、智慧和能力。

# Letter 5

## 談讀書　讀好書，比超量閱讀重要

我人生中有 3 個階段做到充分閱讀，每年閱讀各類書籍超過 100 本，那是我最快樂、成長最多、得到養分最多的時期。

寄件人：李開復　▼

很多青年朋友問我，上學期間最重要的事情是什麼，我覺得是讀書。讀書意味著分享前人傳承的經驗與思想，意味著在前人思想的引領下思考自身。巴菲特的黃金搭檔查理·芒格（Charlie Munger）說過：「我這輩子遇到的聰明人，沒有不每天閱讀的——沒有，一個都沒有。」我認為理想的閱讀狀態是讓讀書成為每天的習慣。這裡我想跟大家談談讀書，給大家幾點關於讀書的建議，希望能夠幫助你們有選擇地閱讀好書，從前人的智慧中汲取靈感、獲得成長。

我人生中有 3 個階段做到充分閱讀，每年閱讀各類書籍超過 100 本，那是我最快樂、成長最多、得到養分最多的時期。

很小的時候，我就躺在媽媽的懷裡念《唐詩三百首》了，別人還不會加減法的時候，媽媽就已經讓我背誦「九九乘法表」了。我 5 歲到 11 歲的那段時期，父親買了各種各樣的書，讓我在家裡閱讀。記得有一次我考了第一名，母親帶我出去買禮物。我看上了一套《福爾摩斯全集》，母親說：「書不算是禮物，你要買多少書，只要是中外名著，隨時都可以買。」結果，她不僅買了書，還買了一隻手錶作為禮物送給我。

從那時起，我就愛上了讀書，一年至少要看兩、三百本書。當時，我看了《雙城記》《基督山恩仇記》一類的西方文學，也讀了《三國演義》《水滸傳》一類的中國古典文學，但對我影響最大的還是名人傳記。海倫·凱勒雖然失明、失聰但依然進入一

流大學的經歷，對我未來性格中堅韌和勇氣的形成有很大影響；愛迪生的發明改變了人類生活，這讓我嚮往成為一位科學家。

那個時候我把書當作一種能無限索取的禮物，貪婪地索取。也是在那段時間，我對很多中國歷代的典籍有了一些初步的認識。在那差不多 6、7 年的時間裡，我每年都保持著很大的閱讀量。我感謝母親，因為有母親的支持，我才能在小小年紀就看了這麼多本書，並養成了終身讀書的習慣。

然後我去美國上學，中斷了一段時間，直到我上哥倫比亞大學。那時我算被逼著讀書，因為在哥倫比亞大學有一個非常有名的核心課程，基本上一年就逼你讀 100 本書，大部分是西方的哲學、文學類書籍。說實在，那段閱讀時光不是特別享受，你可以想像，一個英語不是母語的人要讀那麼厚的一本書，而且每週要讀兩、三本，壓力非常大。

大一的時候，我大部分時間都在學習美術、歷史、音樂、哲學等專業課程，接觸了很多東西，我覺得這是找到自己興趣的機會。在上哲學課之前，老師要求我們閱讀尼采的著作，領悟柏拉圖的思想，思考辯證的關係。課堂上，我們分成兩組討論什麼是辯證法，辯證法的本質是什麼。我們分析尼采，分析亞里斯多德，分析柏拉圖，對於不同的觀點進行激辯，在一次次的辯論中，我們的價值觀不自覺地受到了影響。

但是多年之後，當我回憶在哥倫比亞大學讀的那些書，我深

深地體會到，其實人性的一切，在莎士比亞的書裡都可以找到，很多東方的智慧在西方的書裡也一樣可以找到。

記得有一次，我向老師提出，為什麼我們的哲學課都是西方哲學？為什麼不用同樣的方式研究東方哲學呢？雖然哲學的終點是一樣的，但是西方往往是經過客觀、理論、分析的方式，而東方更多的是以感性、精神、體驗的方式。探索這兩種方式的相似和不同，不是能更好地討論題目嗎？後來，很多同學也表示對這方面有興趣，亞洲各國的崛起也讓學校展開了核心課程中的「全球化」部分，融入了許多東方哲學和人文的內容。

在哥倫比亞大學，我最難忘的是學習文言文的經歷。我在大學四年級的時候選擇了「文言文」的課程，這門課只招收懂中文的學生，而教課的老師是一個純粹的美國人。他的中文造詣很高，但發音還是很成問題，因此，全班說的都是混雜著世界各地口音的中文。我們在文言文旁邊標上英文注釋，在「之乎者也」旁邊畫上標注。一直到今天，我還保留著當時厚厚的教科書《文言文入門》（*A First Course in Literary Chinese*）。

我們辯論老莊哲學，分析孔孟之道。老師依然是用啟發思考的方式讓我理解古人的哲學。我們既學《論語》選句，也學《戰國策》裡的《鄒忌諷齊王納諫》，也學梁啟超的《少年中國說》以及孫文的《上李鴻章書》。現在看到當時做的筆記，我還覺得非常可愛，比如《鄒忌諷齊王納諫》裡的「由此觀之」，我在旁

邊標注「from this we view it」，在「孰視之」的旁邊標上「look at him」。

回想當時，我和同學們經常用英文激烈辯論老子的《道德經》，以及莊子的「吾生也有涯，而知也無涯。以有涯隨無涯，殆已」。在哥倫比亞大學，我既學習西方哲學，也學習東方中國的古代哲學。主客兩分是西方文化的特色，主客合一是中國文化的特色。就總體世界觀而言，西方哲學側重「天人之別」，中國哲學側重「天人合一」。了解中西方文化，開拓了我的視野，這對於我成為一個融會中西的人，是必不可少的文化薰陶。

4年大學畢業以後，我又回到我的理工男的生活。有段時間，我特別想為教育做些什麼。我一邊在美國微軟總部忙碌地工作，一邊思考我所能夠做的事情。我開始瘋狂閱讀一些有關教育的書籍，並在書籍的空白處做滿了筆記。

在幾個月的時間裡，我讀了加州大學校長卡拉克·柯爾（Clark Kerr）提倡研究性大學的《大學的用處》（*The Uses of the University*），他的自傳《金色和藍色》（*The Gold and the Blue*），批評大學教育商業化的《市場中的大學》（*Universities in the Marketplace*）以及《美國大學的崛起》（*The Role of the American University*）等書籍。同時，我還認真學習約翰·杜威（John Dewey）等教育家的教育理念，我試圖在這些書本裡面挖掘有關教育的真諦。

　　每天工作完成之後都是夜幕降臨的時刻，此時的我都在孤獨而快樂地做著研究。雖然，後來我關於教育改革的研究沒有實行，但現在回想起來，那樣專注讀書做研究的時光真是美好。直到後來生病，生了病在家很多事不太適合做，所以我選擇讀了很多書。生病後，讀書讓我重新衡量人生。

　　印象深的是護士布朗妮・維爾（Bronnie Ware）的一本書，它記錄了人在臨終時最後悔的 5 件事，其中一件事是希望當初沒有花那麼多時間在工作上，這引起了我強烈的共鳴。我最盼望的是能有更多時間和自己愛的人、朋友、幫助過自己的人在一起。這本書使我重新權衡工作、生活的安排，重新衡量人生價值。在生病期間，我讀了很多心靈方面的書，還有東方文化、歷史方面的書，感覺非常有收穫。

　　所以我覺得一個人充分閱讀，把閱讀當作日常，是一種享受，是一個汲取養分的過程，是一種最好的成長。

　　很多同學向我提問，他們雖然知道讀書的重要性，但是就是讀不進去，覺得讀書很枯燥，沒有辦法喜歡上讀書。我覺得這可能是因為你們還沒有遇到自己喜歡的書。讀喜歡的書，能使你或是在知識上得到開發、增進，或在視野、人生經驗上有所開闊、拓展，或在心理、心靈上得到共鳴、提升。看書看不進去，如果是針對你的專業書或者教材而言，也許是你缺乏對該專業的興趣，因此你要考慮的是如何處理專業與興趣的問題。

　　如果是你有興趣但仍然看不進去，那麼，問題就是如何選擇適合自己的讀物。有些人花了很多時間去跟一本不合適的讀物「搏鬥」，卻不知把時間花在選擇讀物上可以事半功倍，而且是磨刀不誤砍柴工。有的書只需要看一眼目錄就夠了，有的則需要細讀深思，甚至做筆記進行摘錄。為自己找到品質夠高、語言表述足夠吸引你的讀物，本身就需要花不少時間。

　　在選擇讀物上，也要多接觸資訊，才能有更多機會去選擇。接觸資訊的途徑有很多，如聽聽朋友和老師的推薦、逛書店和圖書館以及上網等。這些途徑可以帶給你各種出版物的資訊，以及課題的研究動態和現狀。你需要耐心地從各種無用的、品質不高的、太難或太淺顯的讀物中找到你需要的那部分。找到令你受益的書籍後，你自然就會享受到專心閱讀的樂趣。

　　有些同學覺得自己讀書時專注力不強，讀一會兒書就分神。研究表明最有效的讀書方式是專心看30～50分鐘，然後休息5～10分鐘。你不妨自己稍做紀錄，看看自己的最佳專注力能持續多久。如果你根據自己的紀錄發現專心讀書的時間達不到30分鐘，那你不妨給自己一點壓力，建立逐步增加專注時間的訓練，找到自己專注的幅度，先從20分鐘開始，然後再慢慢拉長時間。你還需要找到專注後有效放鬆的方式，比如做深呼吸，做幾個伏地挺身，喝些水。

　　每個人一天24小時讀書的效率是不一樣的。對大部分人來

說，白天讀書會更專心，但是有些「夜貓子」是夜裡更有效率。還有你一天的精力也會改變，可能睡足午覺或運動完後精神更好，而剛吃完飯時精神較差。所以建議你用精力最集中的一小時讀那些最需要專注的書，這樣往往可以完成 4、5 個小時才能完成的工作。讀書時可以交替閱讀不同種類的書，這樣比較不容易覺得枯燥。

讀書是一件需要堅持的事。如果要長期堅持做一件事情，必須先說服自己，認識到這件事的重要性，還要配合相當的意志力。有同學想每天運動或寫日記，但又怕做不到。或許可以先低標準地要求自己，開始時只要堅持鍛鍊 10 分鐘，或寫兩行字，這就增加了可行性，再慢慢提高自己的標準。

在看書感到枯燥時，花一點點時間，每天 20 分鐘或 30 分鐘，讓自己稍作休息。運動是提高學習效果的一個有效方式，德國哲學家康得一旦開始思索問題就一定要外出散步，不論晴天或雨天，按時出去散步成為他每天的例行工作。當你堅持讀書，發現讀書漸漸成為一個習慣，每天不由自主地想去做時，這就達到了一種很好的狀態。

有同學告訴我說一年看了 100 本書，但是仍然覺得收穫不多。我覺得一年 100 本是一個可觀的數量，但當你看了 100 本書仍然覺得收穫不多，你應該思考一下你讀書的方式。

你可以從以下幾個方面去梳理讀書這件事，你要看一下你是

如何選書的？你是照興趣挑還是隨手挑？多少是課內的書？多少是課外讀物？你期待從書中得到什麼？雖然收穫不多，但多少還是應該有的，可列舉一些嗎？多少是你願意推薦給別人看的書？這些書你雖然看了，但是你有沒有真正看懂？

你要梳理一下它們有沒有刺激到你的思想，每讀完一本書你可以嘗試去寫一篇心得，或者用短短三、五句總結你的收穫。如果沒有，你應該先回頭把你讀過的書中覺得最有意義的幾本再看一遍，把自己的心得寫下來。看透了這些書，再去看其他的書。

在應該讀什麼書方面，我有以下幾個建議：

## 1. 多讀不同意見的書

很多同學告訴我說他們常常這樣被教育——書上寫的就是對的，讀了書要把它背下來，我覺得這樣很不利於培養你們的批判性思維。

其實每一件事情都有很多面，對同一件事情我們可以持有不

> 一個人充分閱讀，把閱讀當作日常，是一種享受，是一個汲取養分的過程，是一種最好的成長。

同觀點、不同意見。我建議大家不要把書當「聖經」，要多去讀一些不同觀點的書，而不是只讀那些你同意的，符合你觀點的書。當你嘗試讀一些跟你的觀點有衝突的書，了解別人的思考角度，慢慢地你就可以養成多角度思考事物的習慣，不僅可以培養批判式思維，而且你會發現這個世界的豐富、有趣。

## 2. 多讀歷史方面的書

走了這麼長的路，看了這麼多的事情，讀了這麼多的書，我的感受是歷史總是在重複，人類還是不斷地在犯過去犯過的錯誤。我想如果我們每個人都多讀歷史的話，也許我們可以多了解一些人性，可以少走一些彎路，也可以從宏觀上去掌握事情的走向，讓自己成為一個通透的人。

## 3. 多讀中西文化的書

我認為我在思想上中西融合的特點，源於我在哥倫比亞大學時對兩種文化強烈的好奇心和深刻研讀，我讀的那幾百本書，對我有非常深刻的啟發。中國古老的思想、文學都非常精湛，可以從中學到很多東西。西方英美哲學家的書、莎士比亞的書，對培養我的邏輯思維和了解人性也有很多益處，我一直很慶幸自己求學時對東西方思想的平衡吸取，讓自己在思想上能做到中西融會貫通。

### 4. 少讀翻譯劣質的書

老師和家長會經常建議你們多讀西方的名著，我的建議是，如果你的英文夠好，就盡量讀原文。如果英文水準不夠，可以先請教老師推薦一個翻譯比較好的中文譯本，因為翻譯劣質的書會流失很多有價值的東西。我讀過《賈伯斯傳》的兩個中文版本，翻譯水準有很大差異。尤其是你們在培養閱讀興趣的時候，如果讀了很多翻譯劣質的書，就很容易讓你們喪失閱讀興趣。

### 5. 少讀純理論的書

當你們在培養閱讀興趣時，盡量少讀純理論的書，有些純理論的書，不是在過去實例驗證之下寫成的，而且讀起來確實很枯燥，很容易讓你們喪失讀書的興趣。

所以我會建議同學們去讀那些有真實事例穿插的書，這會讓你們的閱讀效果真實感動。讀書一定要把書讀懂，培養出讀懂書以後的成就感和興趣，就不會覺得讀書是白讀了。

### 6. 少讀成功學的書

每次走到書店看到我的書被放到成功學的類型，我就想低頭走過去。因為，我覺得大部分成功學的書，其實都是一些沒有實幹過的人，把一些理論集結起來，讓你認為自己看完也可以成功的書，而且它教導的可能是「你只要模仿誰誰誰就可以成功」。

但是，實際上每個人是不同的，每個人成功的模式也不同。

而且，你不妨先看一下，那些寫成功學書的人，他們自己成功了嗎？他們自己有經驗嗎？他們分享的是累積來的經驗，還是自己的經歷總結呢？如果你很想學習一些成功的典範，我會推薦多看自傳。

看自傳的時候，也要看是作者本人寫的自傳，而不是授權別人寫的。即使看作者本人的自傳，也不要盲目地去學習對方的一切，因為每個人不一樣，去學習那些適合你的。

最後，很多同學把不讀書的原因歸罪於沒有時間，說學業壓力太大，完成老師布置的作業都已經夠累了，沒有時間去閱讀大量的書。其實，讀書的最大誤解或者說不讀書的最大理由就是——沒有時間。

如果一年讀 100 本書看起來遙不可及，那就先想一想，你每一天有哪個時段能空出半小時來讀書，如果想到了，從現在起就開始執行，拿起書，讀下去！

## Letter 6

**談創新** 無用的創新，最終走向失敗

重要的不是創新，而是有用的創新。

寄件人：李開復 ▼

創新是我人生的一個關鍵字。我的學習和職業生涯一直都和創新息息相關，在讀博士時，我成功開發出了語音辨識系統，語音辨識率已經達到了 96%，這在當時算得上是電腦領域最頂尖的科學成果。在 SGI 公司時，我和研發團隊只顧埋頭創造，卻忽略了做市場分析和調查，最後我們雖然做出了又酷又炫的產品，但是卻沒有市場。我們的創新沒有給公司帶來任何價值，最後不得不解散團隊。

這件事是我所經歷的最大的一次失敗，從中我卻對創新有更深層次的認識，那就是「重要的不是創新，而是有用的創新」。

在 21 世紀，無論是對個人還是企業來說，創新都是非常重要的。在即將到來的人工智慧時代，擁有創造力、創新思維是人類區別於人工智慧的最大優勢。在這裡，我想結合我自己的經歷，和這些年來對創新的實踐和理解，和你們談一談創新，以及對你們培養創新能力提出幾個建議。

創新在人類整個文明史中所扮演的角色大不相同，我們不妨先回顧一下通信技術的發展史。

據說，距今 5 千多年前，古埃及人使用鴿子來傳遞書信。3 千多年前，從商周時代開始，烽火就是一種非常有效的傳遞戰爭警報的手段。2 千多年前，古波斯人建立了信差傳郵的郵政驛站，使用接力方式傳遞消息。300 多年前，在 17 世紀中期，法國在巴黎街道設立了郵政信箱，出現了郵票的雛形；100 多年前，第一

枚現代意義上的郵票於 1840 年在英國誕生。由此可見，在工業革命以前，通信技術的創新在時間進程上非常緩慢，更新換代是以千年、百年為單位進行的。

隨著 19 世紀工業革命的完成，科學技術飛速發展，全新、高效的通信技術以前所未有的速度湧現出來。1832 年電報機誕生，1850 年英國和法國之間架設了第一條海底電纜，1876 年貝爾發明了電話，1895 年馬可尼採用無線方式實現了遠端無線通訊。1925 年電視發明，不久，電視轉播就迅速普及。

1963 年美日利用衛星成功地進行了橫跨太平洋的有線電視轉播，1970 年代出現了最早的行動電話和最早的電子郵件，1980 年代中後期，便利攜帶的手機出現在人們的視野中。

每 10 到 20 年，通信技術都有一個重要的創新。最近 20 年，更是互聯網和手機通信在全世界飛速發展、普及的 20 年。無論怎樣計算，近 100 多年通信領域裡的創新速度都比工業革命以前提高了無數倍，一個個改變人類生活面貌的創新以每幾年、每一年甚至每個月的速度出現在人們面前。21 世紀的人們已經習慣於這樣一個事實：在高速發展的科技創新面前，任何對未來的憧憬都有可能因為明天出現的某一項創新，在短期內變成現實。

除了週期更短、更新更頻繁的特點以外，在 21 世紀，創新的應用性也更強了。如果說古代的創新對於人們生活改變還不是那麼重要的話，在 21 世紀，幾乎每一項有價值的創新都可能迅

速、有效地改變人們生活的某一個層面。以前，許多發明、發現是基於對自然界的新認識，今天，大多數創新則是為了解決現實生活中遇到的實際問題，比如個人電腦的發明，互聯網的發明……，它們都在最大程度上改變了人們的生活方式。

很多人僅把創新理解為科學技術領域的創新，其實，創新有很多種。創新可以是一個新穎而有效的商業模式，可以是一種新的管理模式，也可以是文學藝術領域裡一次開創性的實踐，甚至可以是家居生活中一個新鮮而有趣的創意……，簡單地說，創新就是在知識積累和生活、工作實踐的基礎上，由一個新穎創意產生的，對人們有用，同時又具備可行性的一種創造性活動。

新穎、有用和可行性是創新之所以為創新的 3 大要素。

新穎是創新的必備要素。但是，新穎並不意味著，每一次創新都是一種開天闢地式的革命，或者是對已有知識領域的全面顛覆。像相對論那樣具有革命意義的理論成果，誠然是創新的一種，但實際上大部分的創新，是在某個較小的範圍裡，用新穎的思考方式，以前人未留意過的視角來觀察和解決問題。這種新穎的思考方式也不見得是前所未有，而且很有可能是從別的領域借用的。這樣的創新離我們的生活更近，其價值同樣不可低估。

比如說，微波爐是美國科學家伯西・史班賽（Percy Spencer）發明的。他原本是電子管技術領域的專家，二戰期間，史班賽在測試新的磁控管技術時，偶然發現，口袋裡的巧克力會

因為接近磁控管而融化。這件看似意外的事情讓史班賽聯想到，如果磁控管的微波加熱原理可以應用到家庭，是不是就能用類似的裝置讓食品快速加熱呢？微波爐就是在這樣偶然的情況下誕生的。

我們除了讚歎史班賽敏銳的技術洞察力和跨越式的思維方式以外，也應當想到，把一個領域裡的經驗應用到另一個原本不相干的領域裡，就可能獲得一個出色的創意，並完成一次偉大的創新。我們可以把這種創新稱為經驗轉移型的創新。

再比方說，家用麵包機的原理非常簡單，一個容納麵粉和水的鍋，一個自動攪拌麵粉的攪拌器，一個擁有定時裝置的烘烤電爐。鍋、攪拌器、計時器、加熱烘烤電爐，這些東西每一樣都沒有什麼新穎的地方，但是，為了滿足烘焙麵包這個生活中常見的需求，Panasonic 的工程師們把這些看似簡單的裝置組合在一起時，一個創意新穎的家電就誕生了。我們可以把這種創新稱為跨領域組合型的創新。

許多人會認為創新最重要的元素是新穎，但我認為創新的實用價值更應著重考慮。我曾經有過一次新穎但實用價值不高的慘痛創新體驗，當年我在 SGI 工作的時候，曾經領導開發過一個3D 瀏覽器的產品。從這個產品本身，或者從技術角度出發，幾乎每個人都認為這是一個非常酷的產品。

想像一下，用 3D 視覺上網，像玩遊戲一樣，從一個網站連

結到另一個網站的操作，就像從一個房間走進另一個房間那樣逼真，在當時，這是一個多麼有創意的產品呀！但很遺憾，這樣的產品並不是根據使用者的需求開發的。事實上，人們造訪網頁的時候，最關心的是資訊豐富程度和上網速度，3D 視覺既不能帶給使用者更多資訊內容，也會嚴重妨礙資訊的傳輸速度，無法使用戶在最短的時間內獲得最有價值的資訊。這樣一個對用戶沒有用的創新，最終只能走向失敗的結局。

所以，我認為具有實用價值是創新的目的。我深深相信「需求是創新之母」這句話。許多了不起的創新就是來自於實際需求，而解決需求的創新就一定有價值。比如，著名的雜交水稻專家袁隆平 1960 年前後經歷了糧食饑荒，於是他決定用農業科學技術戰勝飢餓，他培育出了高產雜交水稻，解決了世界五分之一人口的溫飽問題。上面提到的 Panasonic 發明的麵包機，也是在日本婦女開始外出工作，沒有時間做傳統早餐，而丈夫們卻依然期望有新鮮早餐這樣的需求之下發明出來的。

創新的第三個要素是有可行性。任何創新都要考慮在現有條件下的現實問題。如果利用了所有可以利用的資源、條件，仍然無法讓某個創新成為現實，那麼，再新穎、美妙的想法，也只能是空中樓閣。

依然以麵包機為例，如果我們用單憑想像的方式為麵包機制定需求，比如：我想要一台既能煮飯又能炒菜，還能掃地、洗

碗、做功課、寫論文的機器……，這樣的創意能夠在短期內變為現實嗎？像這種在現有條件下完全不存在可行性的創意，只會白白浪費創新者的時間和精力。

另一個實例就是我的博士論文，當時，這是一個重要的科研成果，發明出世界上第一套非特定語者的連續語音辨識系統。從新穎的角度講，這個創新可以得 99 分。語音辨識也相當有用，可以用在聲控電器、聽寫打字、人機交流、自動翻譯器等「科幻級」的產品上，實用性也能得 99 分。

但是，我的論文是在實驗室裡做的研究，沒想到，這樣的創新拿到真實環境中碰上了種種可行性的問題，例如噪音處理的問題，如何分離各種同時說話的語音的問題，麥克風太遠的問題，還有不可避免的識別錯誤的問題等等。因為這些問題，這項創新的可行性只能達到 59 分，直至今日這個創新的普及還有待更多研究者能針對性地解決這些實際問題。

創新的價值，取決於一項創新在新穎、有用和有可行性這 3

> 把一個領域裡的經驗應用到另一個原本不相干的領域裡，就可能獲得一個出色的創意，並完成一次偉大的創新。

個特質的綜合表現。最好的創新，都是有著最新穎的創意，對人們的工作和生活最有用，並且能夠在現實生活中實現的創新。相應地，好的創新者應該是一個既有新穎的想法，又理解現實的需求，並能夠用實踐將創意變成現實的人。第一個特質像一個科學家，第二個特質像市場人員，第三個特質則像工程師。一旦結合了這 3 個特質於一身，做出最好的創新就不再是一個可望而不可即的目標了。

如何成為集這 3 種特質於一身、擁有創新能力的人才呢？對此我有以下幾個建議。

### 1. 在學習中，要知其然，也要知其所以然

你們在學三角形面積定理時，一定都會背「底乘以高除以二」的公式。但是，你有沒有理解這個公式是如何推理出來的，為什麼三角形的面積是這樣計算的。記住這個公式和探索這個公式如何推演出來，學習效果不一樣。只有懂得了知識背後的道理，才能在遇到新的問題時舉一反三，才能在需要創新的時候，靈活地將自己掌握的知識付諸實踐。

有同學問我：「怎樣學習知識，才能真正記住呢？每年考完試後，好像就把所有的知識還給老師了。」我給這位同學的回答是：「我學懂的知識以及知道如何實踐的知識，我現在都還記得；在工作中常用的知識，我全部記得；我自己感興趣的知識，記憶

更加清晰、準確，就算有不記得的，也可以快速推算出來。相反，那些靠死記硬背學到的知識，或者自己不感興趣的知識，我已經全忘掉了。」

　　也就是說，死記硬背只能過考試關，而不能獲取受益終生的知識。所以，同學們學習時，不要只靠背誦，而要深入理解如何使用知識的方法、原理，將知識放在實際環境中，用融會貫通的思路加以考察，並在實踐中培養自己對該領域的興趣。

## 2. 遇到問題，試著從不同角度思考

　　事實上，很多問題都有不同的思考或觀察角度，在學習知識或解決問題時，不要總是死守一種思維模式，不要讓自己成為課本或者經驗的奴隸。只有在學習中敢於創新，善於從全新的角度出發思考問題，潛在的思考能力、創造能力和學習能力才能被真正激發出來。有時候，只要換一個角度，你會得到截然不同的結果。

懂得知識背後的道理，才能在遇到新的問題時舉一反三，才能在需要創新時，靈活地將知識付諸實踐。

舉個例子，你們常用的便利貼，其實來自於一個「失敗」的發明。美國 3M 公司有一位研究員，他想發明一種黏合力非常強的膠水，但因為種種原因，他失敗了，實驗得到的只是一種黏合力很差的液體，根本無法用作膠水。但一段時間後，他發現人們有這樣一種需求：把便條或書籤貼到桌上或牆上，在需要時可以隨時撕下來。

他發現面對這樣的需求，他發明的黏合力差的液體不正可以派上用場嗎？就這樣，因為思考角度的不同，一種險遭廢棄的技術促成了便利貼的發明。

無線通訊剛被發明出來的時候，幾乎所有人都認定了這個技術演變的最終目標是，每個人都會有一台無線通訊裝置，能夠成為「無線」電話。在當時的技術條件下，無線通訊設備有兩個部分：無線發射器體積龐大、價格昂貴，但是無線接收器體積小，而且便宜。所以，要實現這個終極目標需要有長遠的打算。

這時，一位打破陳規的創新者想到，是不是可以把發射器和接收器分開，讓每個人都有一部非常便宜的接收器，來接收某個中心發射器的信號。就這樣，廣播這種最早依賴無線電技術的大眾傳播方式誕生了。在這個故事裡，所謂的打破常規，其實就是嘗試把兩個放在一起的東西分開，換一個思路，也許就得到了意想不到的結果。

### 3. 要多問問題

　　會提問也是一種能力，而且你會因為提問而加深對問題的理解。我的女兒在學習指數的時候，不理解指數是什麼，更不相信在真實生活中指數有什麼用處，於是主動來問我。我用計算銀行存款的思路來指導她，比如存入 100 元，每年的利息是 10%，那麼 10 年後，你的存款是多少？通過這樣的計算，她終於明白了，原來指數知識和日常生活息息相關。而她能得到對這個問題的認識，也是因為她主動提問獲得的。

　　學習過程中如果只看課本或者只聽老師講述總是比較枯燥，一些同學甚至覺得學習這些知識很沒有意思，或者感覺對一些偏理論、較抽象的東西缺乏感性的認識。但是，一旦用理論解決了現實生活中的問題，你不但會對實踐有興趣，也會對實踐的理論產生濃厚興趣。比如，有的同學學習化學，如果每天只是機械地背誦一些反應式，肯定會覺得枯燥無味，但如果掌握了每個反應式內在的規律，並能和現實中的化學現象聯繫起來，就會理解化學這門學科的意義所在，自然就會對這門學科產生興趣。

　　多提一個問題，你就擁有一種多了解這個世界的可能性。只有不懂就問，才能真正學到有用的知識。

### 4. 動手實踐

　　美國華盛頓兒童博物館的牆上寫了這樣一句格言：「我聽到

的會忘掉，我看到的能記住，我做過的才真正明白。」沒有一種創新是可以靠憑空想像得到的，只有動手實踐，你才能了解創意的可行性，才能把創意變成現實。

我記得小時候，我的父親曾讓我們幾個兄弟姊妹解答這樣一個問題：用 6 根火柴拼成 4 個大小一模一樣的正三角形。通過動手實踐，我們都找到了正確的答案。這樣的實踐讓我對相關的幾何和空間知識記憶深刻，也訓練了我使用新穎的思維解決問題的能力。

我在高中時參與美國的高中生創業嘗試課程，創辦自己的公司。我們當時的公司非常簡單，就是從當地的建材市場買來鋼材，然後利用週末時間到工廠裡加工，我們把鋼材切成很小的一塊塊圓環，在圓環上刻上簡單的雕花。在推廣的過程中，我們發現學生家長並不需要這樣的圓環，最後產品幾乎是內部消化掉了。這次的親身實踐，讓當時 15 歲的我意識到，真正好的產品，不是求人去買的，而是必須有市場需求。

有了這樣的認識，我在第二次的創業嘗試中就會把市場需求作為創辦公司的方向。從需求出發，生產有需求的產品，牢記這樣的理念，第二次的創業嘗試獲得了成功。這些創辦公司的經驗，都是我從實踐中一點一滴積累起來的。只有實踐，你才能知道你的創新是否可行。

### 5. 追隨自己的興趣、愛好

　　只有做自己真正喜歡做的事情，才能做到最好。我在上大學時，一直以為自己喜歡法律，將來想做一名律師。可是上了幾門課後，我發現自己對此毫無興趣，於是跟家人商量轉系，數學是我的一個備選項。

　　但是，當我加入了「數學天才班」後，發現我的數學突然從「最好的」變成「最差的」。我雖是田納西州的冠軍，但當我與來自加州或紐約的「數學天才」交手時，才發現自己真的技不如人。我深深地體會到那些數學天才是因為「數學之美」而對它痴迷，而我並非如此。我一方面羨慕他們找到了最愛，一方面遺憾自己並不是真的數學天才，也不會為了它的美而痴迷，因為我不希望我的人生意義就是為了理解數學之美。

　　我想到了電腦，我在高中時就對電腦有濃厚的興趣，有一次，為了解答一個複雜的數學方程式，我寫了一個程式，然後把結果列印出來。當時因為機器運行的速度太慢，我沒有等到結果列印出來就回去了。星期一回到學校，我才知道我們學校所有的列印紙都被我用光了。雖然挨了老師一通罵，但我的心裡有了一股欣喜，原來這個數學方程式有無數的解，我離開學校後，程式一直在運行，電腦就一直在列印結果。

　　對電腦的興趣此時在我的心中醞釀，雖然當時電腦領域算是個沒沒無聞的專業。接下來，我選修了一門電腦程式設計課，幾

個月的課上下來，我發現了自己在電腦方面的天賦。我和同學們一起做程式設計，他們還在畫流程圖，我就已經完成了所有的題目。考試的時候，我比別人交卷的時間幾乎早了一半，我不用特別準備，也能拿高分。

透過學習電腦，我有了一種前所未有的震撼：未來這種技術能夠思考嗎？它能夠讓人類更有效率嗎？電腦有一天會取代人腦嗎？我感受到了一種振奮，解決這樣的問題是我一生的意義所在。我每天都像海綿一樣吸收著知識，在一門公認為是電腦專業最難通過的「可計算性和形式語言」課上，我考了 100 分，也就是 $A^+$ 的分數，創造了該系的一個紀錄。

大三、大四時我就開始和研究生一起選修碩士和博士課程，接手各式各樣的項目，在這些項目中，我嘗試著克服一個又一個的難關。畢業後，我在電腦方面創造出了一個又一個輝煌的成果。

擁有創新能力，一方面可以使你們在激烈的競爭中獲得立足之地，另一方面也能使你們更好地享受從事創造性工作帶來的幸福和快樂。

AI 時代創新已經成為了我們生活密不可分的一部分，我們無法忽視創新對工作、生活的影響。只有擁抱創新，才能融入這個新的時代；只有成為擁有創新能力的人才，我們才能更好地迎接挑戰，在 AI 時代找到自己的位置。

Letter 7

## 談領導力　領導力是種藝術，人人該具備

領導力是一種有關前瞻與規劃、溝通與協調、真誠與均衡的藝術。領導力意味著我們能從宏觀和大局出發分析問題，在從事具體工作時保持自己的既定目標和使命不變；領導力也意味著我們可以更容易地跳出一人、一事的層面，用一種整體化、均衡的思路應對更加複雜、多變的世界；領導力還意味著我們可以在關心自我需求的同時，也對自己與他人的關係給予更多重視，並總是試圖在不斷的溝通中尋求一種更加平等、更加坦誠也更加有效率的解決方案。

寄件人：李開復　▼

　　領導力不僅是領導應該具備的方法和技能，它也是我們每個人都應該具備或實踐的一種優雅而精妙的藝術。我想跟你們分享自己在世界頂尖公司工作的管理經驗，希望能給你們在人際關係處理方面一些啟發。

　　在 21 世紀，當社會變革、國際交流、資訊技術、個性發展等諸多挑戰與機遇降臨到社會分工的每一位參與者面前時，我認為無論你是否身處領導者的職位，都應該或多或少地具備某些領導力。很多同學錯誤地把領導力當成權力的象徵，認為自己要管理別人，要當老大，但其實最重要的是得到別人的尊重、信任、喜歡。

　　基於我的工作經驗和對領導力的理解，我認為它是一種有關前瞻與規劃、溝通與協調、真誠與均衡的藝術。

　　領導力意味著我們能從宏觀和大局出發分析問題，在從事具體工作時保持自己的既定目標和使命不變；領導力也意味著我們可以更容易地跳出一人、一事的層面，用一種整體化、均衡的思路應對更加複雜、多變的世界；領導力還意味著我們可以在關心自我需求的同時，也對自己與他人的關係給予更多重視，並總是試圖在不斷的溝通中尋求一種更加平等、更加坦誠也更加有效率的解決方案。

　　接下來，我跟大家分享幾個有關領導力的故事。

　　我在卡內基美隆大學時，認識了拉吉・瑞迪教授。他的研究

方向——語音辨識引發了我極大的興趣。我選擇了語音辨識作為我的研究方向，成為瑞迪教授的學生。我和他一起探討語音辨識領域裡現有的成果以及如何突破的可能性，他建議我做一個不特定語者的語音辨識系統，因為這在當時是個無解之謎。

所謂不特定語者的語音辨識就是讓電腦能夠聽懂每一個人說出的話，並且識別出來，最後希望最理想的狀態就是讓機器對人的語言有所反應，最終達到「人機對話」的理想程度。在我當時所處的年代，人們所做的語音辨識系統研究還只能識別一個人的聲音，也就是「特定語者」的研究。

瑞迪教授對我的期望就是讓我把這個研究成果擴展出來，形成突破，提高機器對更多人的語言識別率。瑞迪教授還告訴我專家系統是解決不特定語者問題最好的辦法，他希望我去試試。經過數月的鑽研，我把整個研究過程寫了篇論文發表出來，得到了正面回饋。

第一次，人們知道，在有限的領域和單一的語者身上，專家系統研究出來的機器語音辨識率可以達到 95%。這意味著，人和機器可以進行簡單的對話了。那段時間，瑞迪教授開心得不得了，並且更加堅信「專家系統」的方法是個正確的選擇。

儘管面對一片好評，我卻非常沉默。其實，這個時候我內心的擔憂早已慢慢滋長了。因為，在研究的過程中，我已經發現專家系統的前景非常不明朗，因為機器經過很長時間的訓練，只能

聽懂特定 20 個訓練者的語音。而人與人說話的音節和語調千變萬化，只要換了另外 100 人的聲音重新檢驗原來的研究成果，其識別率會立即下降到不能想像的地步，只有 30% 左右。

而且，我們僅僅用了 26 個詞作為詞彙，一旦增加詞彙，整個系統就將崩潰。當我處在課題的十字路口不知何去何從時，我的師兄彼得・布朗建議我嘗試統計學的方法，從龐大的資料中進行歸類，利用特徵的歸納讓資料通過「分類器」得到結果。我對這個方法充滿了好奇。

與此同時，瑞迪教授從美國國防部得到了 300 萬美元的經費做不特定語者、大詞庫、連續性的語音辨識研究。他希望機器能聽懂任何人的聲音，而且可以懂上千個詞彙，懂人們自然連續說出的每一句話。瑞迪教授在全美招聘了 30 多位教授、研究員、語言學家、學生、程式師，以啟動這個有史以來最大的語音專案。他也期望我在專家系統方面繼續努力，得到突破，在這 30 多人的隊伍裡面發揮作用。

然而，我的心裡卻在想著如何脫離這個 30 多人的隊伍，脫離專家系統的研究。在此之前，我和我的朋友薩卓依・瑪哈俊用統計學的方法做了一個名叫「奧賽羅」的機器人，這個機器人在人機博弈中打敗了當時的世界冠軍，這是機器第一次真正意義上打敗人類冠軍，這讓我對電腦世界中的統計學有了信心。我相信建立大型的資料庫，然後對龐大的語音資料庫進行分類，就有可

能解決專家系統不能解決的問題。

　　但我一直處在猶豫狀態,如何跟導師提起我的計畫?在我做機器人的過程中,他一直在經費上給我提供幫助,並且他已經向國防部立案,專家系統的方向勢在必行,我是他的得意門生,這個時候跟他提出反對意見,他會怎麼處理?

　　經過一番思考掙扎,我告訴自己,我必須向他坦誠我的看法,因為我想起讀博士時海博曼院長對我說的:「讀博士,就是挑選一個狹窄並且重要的領域做研究,畢業的時候交出一篇世界一流的畢業論文,成為這個領域裡世界首屈一指的專家。任何人提到這個領域的時候,都會想起你的名字。」

　　如果我做專家系統,我就愧對了海博曼院長的期許,也違背了我自己內心做研究的初衷。於是,我鼓起勇氣向瑞迪教授直接表達了我的看法,我對他說:「我希望轉投統計學,用統計學的思路來解決這個『不特定語者、大詞彙、連續性語音辨識』的問題。」

> 「我不同意你,但我支持你。」這是一種真正的科學家精神,這種「科學面前,人人平等」的信念,深深地影響了我。

瑞迪教授一點都沒有生氣，他詢問了我的思路後，用溫和的聲音說：「開復，你對專家系統和統計的觀點，我是不同意的，但是我可以支持你用統計的方法去做，因為我相信科學沒有絕對的對錯，我們都是平等的。而且，我更相信一個有熱情的人可能找到更好的解決方案。」

我被深深地感動了，作為一個教授，他的學生要用自己的方法做出一個跟他唱反調的研究，他不僅沒有生氣，還給我在經費上提供支援。統計學需要龐大資料庫，還需要非常快的機器，而我當時並沒有這樣的條件，瑞迪教授不僅去國防部幫我建立一個龐大的資料庫，他還幫我購買了最新的 Sun4 機器。做論文的 2年多，我至少花了他幾十萬美元的經費。

瑞迪教授的寬容和支持讓我感受到一種偉大的力量，這是一種自由和信任的力量。

法國哲學家伏爾泰曾說：「我可以不同意你的觀點，但是我誓死捍衛你說話的權利！」瑞迪教授這樣說：「我不同意你，但我支持你。」這是一種真正的科學家精神。他這種「科學面前，人人平等」的信念，深深地影響了我。這種無言的偉大，讓我受益終生，也讓我以這種信念對待他人的不同意見。

24 年後，當我的員工郭去疾離職的時候，他是這麼描述我的：「8 年來，作為我的師長，開復很多次支持了我的理想，改變了我的命運，也寬容了我的缺點。當你離一個人很近，從他身上

學到太多，你可能反而不知道該怎樣總結你的收穫。但我知道，現在當我遇到一個難以處理的困難，我常常會去想，如果是開復，他會怎麼做。假如只能選一條收穫來分享，那麼開復讓我銘記終身的教益是：『你可以同時真誠地反對和全力地支援（*You can sincerely disagree and fully heartedly support at the same time.*）。』

以前讀到開復的文章，提及他的博士生導師懷疑卻又支持他研究方向的時候，我以為那只是一種雅量。而當開復身體力行地一次次懷疑卻又支持我的時候，我才慢慢明白這是一種珍貴的領導力。」

## 1. 同理心

許多著名心理學家在論述人際交往的基本規律時，都會特別強調，同理心是人際交往藝術的核心準則，是參與人際交往的個人能夠獲得他人信任的最佳途徑。同理心是一個心理學概念，最早由人本主義大師卡爾・羅傑斯（Carl Ransom Rogers）提出，學者們通常這樣來定義和描述：同理心是在人際交往過程中，能夠體會他人的情緒和想法、理解他人的立場和感受，並站在他人的角度思考和處理問題的能力。

其實，同理心就是人們在日常生活中經常提到的設身處地、將心比心的做法。無論在人際交往中面臨什麼樣的問題，只要設

身處地、將心比心地、盡量了解並重視他人的想法，就能更容易
找到解決方案。尤其是在發生衝突或誤解時，當事人如果能把自
己放在對方的處境中想一想，也許就可以了解到對方的立場和初
衷，進而求同存異、消除誤解了。

其實，同理心本身並不是什麼新的想法。2 千多年前的孔子
早就說過：「己所不欲，勿施於人。」也就是說，具有同理心的人
能夠做到推己及人：一方面，自己不喜歡的東西或不願意接受的
待遇，千萬不要施加給別人；另一方面，應根據自己的喜好推及
他人喜歡的東西或願意接受的待遇，並盡量與他人分享這些事物
和待遇。

生活中常說的「人同此心，心同此理」強調的也是同理心。
無論是在工作還是在日常生活中，凡是有同理心的人，都善於體
察他人的意願，樂於理解和幫助他人，這樣的人最容易受到大家
的歡迎，也最值得大家信任。同理心是人際交往的基礎，是個人
發展與成功的基石。

同理心對於個人發展的重要性主要體現在：一旦具備了同理
心，就更容易獲得他人的信任，而所有的人際關係都是建立在信
任的基礎上。

我在 2000 年被調回微軟總部出任全球副總裁，管理一個擁
有 600 多名員工的部門。當時，作為一個從未在總部擔任領導工
作的人，我更需要傾聽和理解員工的心聲。為了達到這樣的目

標，我選擇了獨特的溝通方法——「午餐會」溝通法。

我每週選出 10 名員工，與他們共進午餐。在進餐時，我詳細了解每一名員工的姓名、履歷、工作情況以及他們對部門工作的建議。為了讓每位員工都能暢所欲言，我盡量避免與一個小組或一間辦公室裡的兩個員工同時進餐。另外，我會要求每個人說出他在工作中遇到的一件最讓他興奮的事情，和一件最讓他苦惱的事情。

進餐時，我一般會先跟對方談一談自己最興奮和最苦惱的事，鼓勵對方發言。然後，我還會引導大家探討一下所有部門員工近來普遍感到苦惱或普遍比較關心的事情是什麼，一起尋找最好的解決方案。午餐會後，我一般會立即發一封電子郵件給大家，總結一下「我聽到了什麼」「哪些是我現在就可以解決的問題」「何時可以看到成效」等等。

使用這樣的方法，在不長的時間裡，我就認識並了解了部門中的每一位員工。最重要的是，我可以在充分聽取員工意見的基

> 對於領導者來說，體現同理心最重要一點是要體諒和重視職員的想法，要讓職員們覺得你非常在乎他們。

礎上，盡量從員工的角度出發，合理地安排工作。只有這樣才能使公司上下一心，才能更加順利地開展工作。午餐會的溝通方法，至今我仍在使用。吃飯對象不僅包括員工、同事，還有合作夥伴、朋友。

對於領導者來說，體現同理心的最重要一點就是要體諒和重視職員的想法，要讓職員們覺得你是一個非常在乎他們的領導者。沒有同理心就沒有彼此之間的信任，沒有信任就沒有順利的人際交往，也就不可能在分工合作的現代社會中取得成功。

人與人之間的信任關係其實都是同理心的外在表現，也就是說，信任來自於同理心。要建立信任關係，就要在人際交往中逐步展現出自己的同理心，並以此證明自己值得信任和尊重。這是一個長期、不斷深化的過程——你對別人愈真誠，愈善於傾聽、體諒、尊敬或寬恕別人，別人對你也會愈發真誠和信任，如此下去形成一個良性循環後，人與人之間的交往就可以非常順利。

所以，同理心不僅是為了理解別人，也是為了讓別人理解自己。同理心並不要你迎合別人的感情，而是希望你能夠理解和尊重別人的感情，希望你在處理問題或做出決定時，充分考慮到別人的感情以及這種感情可能引發的影響和後果。

## 2. 團隊精神

對於一個團體、一個公司、甚至是一個國家來說，團隊精神

都是取得勝利和實現目標過程中的關鍵因素。

團隊精神就是在一組人共事時,在個人心目中完成共同目標的重要性大於凸顯個人表現。我們在世界盃足球賽中、一流交響樂團的表演中、企業的研發小組中都能見到團隊精神的發揚。團隊精神具有的重要元素包括:對其他成員專業水準的承認,對團隊一體的共識,清楚自己的位置,對自己有充分的自信,對目標全然投入。

我在微軟工作時就意識到在微軟中團隊精神特別重要,比如研發 Windows 2000 時,微軟公司中有超過 3000 名軟體工程師和測試人員共同參與,共寫出了 5 千萬行程式碼。倘若沒有高度統一的團隊精神,沒有全部參與者的默契與分工合作,這項工程是根本不可能完成的。

相反的情況也屢見不鮮。到了微軟開發 Windows Vista 的時候,一項困難工程布置下來,幾位負責人明明知道無法完成,卻不敢告訴大老闆。由於大家都知道工程肯定完成不了,因此大家花費更多時間去算計怎麼把這項工程的失敗推諉到別人身上,甚至有些負責人開始另起爐灶,準備在原來困難的工程失敗後,來證明自己的先見之明。

正是這樣的人和這樣的工作風氣,導致一個 2 年的專案在做了 4 年後宣布從頭開始,並換掉了當時一批沒有團隊精神的負責人,對所有參與者重申團隊精神的重要性。又過了 2 年後,在新

領導的帶領下，產品才終於問世。

　　為了培養團隊精神，我建議同學們在讀書之餘積極參加各種社會團體的活動，在與他人分工合作、分享成果、互助互惠的過程中，你們可以體會到團隊精神的重要性。

　　在學習過程中，你千萬不要吝嗇把好的思路、想法和結果與別人分享，擔心別人比自己強的想法非常不健康，也無助於個人的成長。有一句諺語說：「你付出的愈多，你得到的就愈多。」試想，如果你的行為讓人覺得你專門利己從不利人，當你需要幫忙時，別人會來幫助你嗎？反之，如果你時常慷慨地幫助別人，那你是不是會得到更多人的回報？

　　在團隊之中，要勇於承認他人的貢獻；如果借助了別人的智慧和成果，就應該公開聲明；如果得到了他人的幫助，就應該表示感謝，這也是團隊精神的基本體現。

　　我在蘋果公司工作的時候，曾經管理一個實際效果非常糟糕的專案。該專案的專案經理是我當時老闆的朋友，而這個專案也是我老闆最為看好的一個專案。當時，我清楚地知道這個專案有多麼糟糕，該專案的專案經理也不是一名好經理，但因為我的老闆重視該專案，我始終沒有勇氣處理這個問題。此外，我也擔心，如果解散了這個專案團隊，對我自己的工作其實也是一種否定，因為我已經管理這個團隊一年多了。

　　終於有一天，我決定在一段時間後離開公司。那時，我覺得

公司多年來對我不錯，我應該在離開前對公司負責，做一件對公司有益但我一直為了自己而猶豫不決的事情。於是，我決定把這個專案和該專案的專案經理裁掉──大不了這種做法會讓我的老闆不滿，但它的確對公司有好處。

當我真正裁掉這個專案經理後，出乎我意料的是，公司內部絕大多數員工沒有表示不滿，反而告訴我，他們是多麼認可這個決定，他們認為我有勇氣，有魄力。公司領導者也沒有責備我，反而認為我勇於承認並改正錯誤的做法非常值得讚賞，連我的老闆也覺得這是一個正確的決定。

當公司利益和部門利益或個人利益發生矛盾的時候，管理者要有勇氣做出有利於公司利益的決定，而不能患得患失。如果你的決定是正確、負責任的，你就一定會得到公司員工和領導者的讚許。

當公司利益和部門利益或個人利益發生矛盾的時候，管理者要有勇氣做出利於公司利益的決定，不能患得患失。

## 3. 願景

　　我在蘋果公司工作的時候，有一段時間，公司經歷了谷底，在一次次的裁員風暴中，大家的士氣很低落。公司有很好的多媒體技術，但是當時的電腦無法很好地利用這些多媒體技術。我看到這些趨勢很有可能經由互聯網成為主流，如果再加上使用者介面的突破，這些技術也可能成為公司未來的主流，想到這些，我心中湧起些許激動，我提起筆來寫了一份題為《如何通過互動式多媒體再現蘋果昔日輝煌》的報告。

　　這份報告被送到多位副總裁手裡，最後，他們決定採納我的意見，發展簡便、易用的多媒體軟體，並且請我出任互動多媒體部門的總監。而這個部門需要從不同部門調集多媒體及相關技術的精英，組成一個新的團隊，研發一系列極有潛力的多媒體產品。

　　當時，公司的資深副總裁批准了我的請求，並要求我的主管副總裁幫助我抽調人員，組建這個團隊。但主管副總裁擔心新產品的風險較大，他一方面要求相關人員必須親自表達意願才可以加入我的新團隊，另一方面又告誡大家我要研發的新產品有不小風險，希望大家慎重選擇。照他的意思，我們只要做一個問卷調查，看看 60 多位技術人員中有多少甘冒風險的就可以了。而當時在公司年年裁員的壓力下，如果採用他的方法，這個新團隊的計畫就可能無法實現了。

　　在這樣的情形下，我決定利用願景來激勵這些工程師與科學家，我找來這 60 多位技術人員開會。在會上，我描述了未來互聯網與多媒體相結合後相關新技術和新應用的巨大發展空間，與他們分享了我關於新產品的規劃和設計，以及我為新產品部門制定的願景。

　　然後，我鼓勵他們分成小組，討論這個願景的可行性，以及自己的潛力將會如何因這樣的願景而得到更充分的發揮。

　　最後，我誠懇地對大家說：「我並不是讓大家今天就做出選擇，而是做一次心靈的溝通。我把我的設想和前景跟大家分享，最後大家的選擇，還是遵循內心的感受。畢竟，有的人適合做研發，有的人適合做產品。但是，在蘋果最危急的時刻，我認為做產品是最迫切的。讓我們的產品去戰勝我們的對手，蘋果才可能真正得救。」

　　我給大家朗誦了我精心準備的一首詩──美國詩人羅伯特‧弗羅斯特（Robert Frost）的《未選之路》（*The Road not Taken*）。

## The Road Not Taken

Robert Frost

Two roads diverged in a yellow wood,
And sorry I could not travel both
And be one traveler, long I stood

And looked down one as far as I could

To where it bent in the undergrowth;

Then took the other, as just as fair,

And having perhaps the better claim,

Because it was grassy and wanted wear;

Though as for that, the passing there

Had worn them really about the same,

And both that morning equally lay

In leaves no step had trodden black.

Oh, I kept the first for another day!

Yet knowing how way leads on to way,

I doubted if I should ever come back.

I shall be telling this with a sigh

Somewhere ages and ages hence:

Two roads diverged in a wood, and I —

I took the one less traveled by,

And that has made all the difference.

## 未選之路

羅伯特·弗羅斯特

黃色的樹林裡分出兩條路，

可惜我不能同時去涉足，

我在那路口久久佇立，

我向著一條路極目望去，

直到它消失在叢林深處。

但我卻選了另外一條路，

它荒草萋萋，十分幽寂，

顯得更誘人、更美麗，

雖然在這兩條小路上，

都很少留下旅人的足跡，

雖然那天清晨落葉滿地，

兩條路都未經腳印汙染。

呵，留下一條路等改日再見！

但我知道路徑延綿無盡頭，

恐怕我難以再回返。

也許多少年後在某個地方，

我將輕聲歎息把往事回顧，

一片樹林裡分出兩條路，

而我選了人跡更少的一條，

從此決定了我一生的道路。

全詩的最後幾句，深深打動了大家。

「一片樹林裡分出兩條路，而我選了人跡更少的一條，從此決定了我一生的道路。」

我看著台下的員工，動情地說：「這條路沒有人走過，但是我們恰恰應該為了這個理由踏上這條路，創立一個網路多媒體的美好未來。」

正是這次會議，讓 90% 以上的員工做出了「冒險」的決定，離開相對穩定的研究部門，隨我加入全新的互動多媒體部門。這個部門，正是後來 QuickTime、iTunes 等許多著名網路多媒體產品的誕生地。

一年後，賈伯斯回歸，他們成為了賈伯斯的愛將、公司的寵兒。這也說明了，制定並與員工分享美好願景，能充分激發員工的參與感和積極性，可以讓整個團隊保持激昂的鬥志和堅定的方向，這是領導藝術的重要組成部分。我必須承認，這是我最美好的體驗之一。

Letter 8

## 談成功 成功沒有標準，別被堵住去路

成功就是按照自己設定的目標，充實地學習、工作和生活，就是始終
沿著自己選擇的道路，做一個快樂、永遠追逐興趣並能發掘出自身潛
能的人，也就是做最好的自己。

寄件人：李開復 ▼

　　這些年來，我在與很多青年的交流和溝通中，真切地感受到你們想獲得成功、實現自我價值的熱切希望，但是我也感受到你們對成功的理解，最大的問題是容易陷入單一形式的誤解。在這封信裡，我想跟你們談談我對成功的理解，為你們獲得成功提供幫助和指導，我願意和你們一起探索成功的奧祕、尋找通向成功的道路。

　　傳統社會有一個比較普遍的現象，就是希望每個人都按照一個模式發展，衡量每個人是否成功採用的也是單一標準：在學校看成績，進入社會看名利。我並不排斥將成績和名利視作成功的標準之一，但同樣有價值的成功標準還有很多種，不能因為強調成績、名利而忽視了其他因素，更不能因為推崇某一種成功模式而堵死了其他通往成功的道路。

　　單一標準的成功容易讓人失去正確的奮鬥方向，一個崇尚單一標準成功的社會也是不完整的、不均衡的，社會中絕大多數成員也很難體會到真正的快樂和幸福。

　　林肯是美國第 16 任總統，他的成功是在叱吒風雲的政治和軍事舞台上取得，但更讓所有美國人難以忘懷的是，他在通往成功道路上表現出來的對國家、對民族的深厚感情。

　　愛因斯坦是著名的物理學家、相對論的創始人，他對大自然中的一切都懷有強烈好奇心，無論何時何地，他都寧願如醉如痴地漫步在科學的聖殿裡，也不願花時間理一理自己蓬鬆的頭髮，

或者為自己選一套合身的衣服⋯⋯。

比爾蓋茲是微軟公司的創辦人，是全球軟體產業的領頭人物。應當說，比爾蓋茲在獲取名利和實現人生價值這兩方面都取得了成功，在他看來，衡量成功的方式可以說有很多種，其中最容易衡量成功的方法就是，看能不能給自己的家人、朋友和自己所尊重的人帶來幫助，以及通過什麼能改善他們的生活。

特蕾莎修女是諾貝爾和平獎獲獎者，她一生致力於幫助那些無時無刻都在與貧窮和飢餓生存奮戰的人們。也許她無法從自己從事的事業中獲得更多財富，但她的無私奉獻卻為自己和他人帶來了最大的快樂。

梵谷的一生，在艱難的生活、世人的冷漠，以及與嚴重的精神疾病奮鬥過程中度過。他始終沒有放棄對藝術的追求，即便後人一度沒有給予梵谷公正的評價，這種追求本身也已經是最大的成功了。

卡夫卡生前只是一個普通的小職員，他雖然不斷地把自己對人生和世界的思考訴諸筆端，但卻很少想到要發表這些文字，甚至在臨終時還叮囑好友銷毀自己所有未發表的作品。幸運的是，好友在他去世後違背了他的囑託，將《城堡》《審判》等震撼世人心靈的偉大作品整理出版。從這些不朽的文字中，我們看到的是一個成功攀上文學頂峰的卡夫卡。

我的母親是一個既嚴厲又溫和、既傳統又開明且有智慧的女

性，她被她所有的朋友公認為是成功者，她一生最大的成功就是養育了 7 個子女。早年，在父親隻身赴台後，母親帶著 5 個孩子獨自生活。一年後，她毅然決定赴台與父親團聚。她讓兄姊沿街變賣家產、籌措路費，以回娘家為名，一路輾轉，歷盡艱難。憑著母親超人的智慧、勇敢、果決和鎮定，一家人終於得以團聚。她對我們的教育既傳統又嚴格，但是，她也看到世界的進步，鼓勵子女學習新知識、接受新事物，支持子女做最好的自己。

我家的園丁原本是來自墨西哥的移民，在異國他鄉，他憑藉著超常的毅力和吃苦耐勞的精神獲得了所有雇主的好評。他非常喜歡自己所從事的職業，經常用近乎痴迷的態度研究園藝技術。每當掌握了一種新的栽培或修剪方法後，他都會無比興奮，那神情就好像他是這個世界上最幸福的人一樣。

上面列出的幾位人物，雖然他們擁有的名望、地位或財富差別極大，但我認為他們都在各自的領域裡取得了成功。

真正的成功有很多種：它可能是創造出了新的產品或技術，可能是取得了突破性的科學或學術成果，可能是因自己的行為而給他人帶來了幸福，可能是在工作崗位上得到了別人的信任，也可能是找到了最能使自己滿足和快樂的生活方式。同樣，靠自己的努力取得令人羨慕的名望和財富，也是一種應當被尊重和認可的成功。多元化的成功不僅可以讓每個人發揮自己的興趣和特長，從而發掘出自己全部的潛力，同時也能讓社會保持健康、和

諧的狀態，讓社會成員體驗到最大的幸福。

既然多元化的成功才是真正的成功，那麼，我們該如何追尋多元化的成功呢？

多元化成功並不要求每個人都去刻意重複別人的成功之路，或者用別人的標準來評價和衡量自己，但它要求我們重視誠信的價值觀，擁有完整、均衡的人生態度，善於用智慧選擇最佳解決方案，並能不斷地追尋自己的理想和興趣、不斷地學習和實踐，妥善地處理好身邊的人際和溝通問題……，如果從這些方面嚴格要求自己，讓自己每一天都能有新的收穫和新的提高，那麼，無論是否取得了預期的結果，這種努力本身就是最值得嘉許的成功了。

美國作家威廉‧福克納（William Faulkner）說過：「不要竭盡全力去和你的同僚競爭。你應該在乎的是，你要比現在的你強。」

想取得成功，就要首先做最好的自己。換言之，成功就是按

從不同面向嚴格要求自己，讓自己每天都有新收穫，無論是否取得了預期結果，這種努力本身就是最值得嘉許的成功。

照自己設定的目標，充實地學習、工作和生活，就是始終沿著自己選擇的道路，做一個快樂、永遠追逐興趣並能發掘出自身潛能的人。做最好的自己，是通向多元化成功的必然途徑。只有單一標準的成功才會強迫人們複製他人的成功模式，如果強迫自己去做那些不適合自己、模仿別人的事情，就無法從內心深處投入足夠的興趣和熱情。

深入思考下去就不難發現，財富、名利等外在指標往往是社會整體意識強加給個人的鏡子、尺規和參照物。大多數追求外在名利的人其實都是在竭盡全力模仿他人的成功，忽視了自己的特點、潛質和興趣，一次又一次地重複著「東施效顰」的鬧劇。更重要的是，如果你迫於家長或社會的壓力，將考試成績、財富、名利當作自己終生奮鬥的方向，那麼，你所從事的多半不是自己真正喜歡的事情，把這件事做好並因此而獲得成績、財富、名利的可能性也幾乎為零。

相反，那些追逐自己的興趣、愛好，善於發現並發掘自身潛力的人，更容易得到財富和名利的眷顧，因為他們所從事的是自己真正喜歡的事情，所以他們更加有動力、有熱情將事情做到完美的狀態——即便他們不能從這件事中獲取財富和名利，也會得到終身的快樂和幸福。

那麼如何做最好的自己呢？我覺得有以下 3 個方面可以去努力嘗試。

**方向 1：主動把握人生目標**

　　當朋友問我的人生目標是什麼時，我是這麼回答的：「人生只有一次，我認為最重要的就是要有最大的影響力，能夠幫助自己、幫助家庭、幫助國家、幫助世界、幫助後人，能夠讓他們的日子過得更好、更有意義，能夠為他們帶來幸福和快樂。」我從大學二年級起就把「最大化影響力」當作自己的人生目標。

　　對我來說，人生目標不是一個口號，而是我最好的智囊，它曾多次幫我解決工作和生活中的難題。我當初放棄在美國的工作，隻身到北京創立微軟中國研究院，就是因為我覺得後一項工作有更大的影響力，和我的人生目標更加吻合。所以，一旦確定了人生目標，你就可以像我一樣在人生目標的指引下，果斷地做出人生中的重大決定。

　　每個人的人生目標都是獨特的，最重要的是，你要主動把握自己的人生目標。但你千萬不能操之過急，更不要為了追求所謂的「崇高」，或為了模仿他人而隨便確定自己的目標。

　　那麼，該怎麼去發現自己的目標呢？許多同學問我他們的目標該是什麼？我無法回答，因為只有一個人能告訴你人生的目標是什麼，那個人就是你自己。只有一個地方能找到你的目標，那就是你的心裡。

　　我建議你閉上眼睛，把第一個浮現在你腦海裡的理想記錄下來，因為往往不經過思考的答案是最真誠的。或者，你也可以回

顧過去，你最快樂、最有成就感的時光是否存在某些共同點？它們很可能就是最能激勵你的人生目標了。再者，你也可以想像一下，15 年後，當你達到完美的人生狀態時，你將會處在何種環境下？從事什麼工作？其中最快樂的事情是什麼？當然，你也不妨多和親友談談，聽聽他們的意見。

### 方向 2：嘗試新領域、發掘興趣

　　為了成為最好的自己，最重要的是你要發揮自己所有的潛力，追逐最感興趣和最有熱情的事情。當你對某個領域感興趣時，你會在走路、上課或洗澡時都對它念念不忘，你在該領域內就更容易取得成功。更進一步，如果你對該領域有熱情，你就可能為它廢寢忘食，連睡覺時想起一個主意，都會跳起來。

　　相對來說，做自己沒興趣的事情只會事倍功半，有可能一事無成。即便你靠著資質或才華可以把它做好，你也絕對沒有釋放出所有的潛力。因此，我不贊同每個學生都追逐最熱門的專業，我認為，每個人都應了解自己的興趣、熱情和能力，並在自己熱愛的領域裡充分發揮自己的潛力。

　　比爾蓋茲曾說：「每天清晨當你醒來的時候，你都會為技術進步給人類生活帶來的發展和改進而激動不已。」從這句話中，我們可以看出他對軟體技術的興趣和熱情。因為對軟體的熱愛，比爾蓋茲放棄了數學專業。如果他留在哈佛繼續讀數學，並成為

數學教授，你能想像他的潛力將被壓抑到什麼程度嗎？比爾蓋茲在領導微軟 25 年後，卻又毅然把首席執行長的工作交給了鮑爾默，因為只有這樣他才能投身於他最喜愛的工作——擔任首席軟體架構師，專注於軟體技術的創新。

雖然比爾蓋茲曾是一個出色的首席執行長，但當他改任首席軟體架構師後，他對公司的技術方向做出了重大貢獻，更重要的是，他更有熱情、更快樂了，這也鼓舞了所有員工的士氣。

比爾蓋茲的好朋友，美國最優秀的投資家巴菲特也同樣認可熱情的重要性。當學生請他指示方向時，他總這麼回答：「我和你沒有什麼差別。如果你一定要找一個差別，那可能就是我每天有機會做我最愛的工作。如果你要我給你忠告，這是我能給你的最好的忠告了。」

比爾蓋茲和巴菲特給我們的另一個啟示是，他們熱愛的並不是庸俗的名利，他們的名利是他們的理想和熱情帶來的。美國一所著名的經管學院曾做過一個調查，結果發現，雖然大多數學生在入學時都想追逐名利，但在擁有最多名利的校友中，有 90% 是入學時追逐理想、而非追逐名利的人。

我剛進入大學時，想從事法律或政治工作。一年多後我才發現自己對它沒有興趣，學習成績也只在中間。但我愛上了電腦，每天瘋狂地程式設計，很快就引起了老師、同學的重視。終於，大二的一天，我做了一個重大決定：放棄此前一年多在全美前 3

名的哥倫比亞大學法律系已經修得的學分，轉入哥倫比亞大學沒沒無名的電腦系。

我告訴自己，人生只有一次，不應浪費在沒有快樂、沒有成就感的領域。當時也有朋友對我說，改變專業會付出很多代價，但我對他們說，從事一份沒有熱情的工作將付出更大的代價。那一天，我心花怒放、精神振奮，我對自己承諾，大學後 3 年每一門功課都要拿 A。若不是那天的決定，今天我就不會擁有在電腦領域所取得的成就，我很可能只是在美國某個小鎮上做一個既不成功又不快樂的律師。

即便如此，我對工作的熱情還遠不能和我父親相比。我從小一直以為父親是個不苟言笑的人，直到見到父親最喜愛的兩個學生，我才知道父親是多麼熱愛他的工作。他的學生告訴我：「李老師見到我們總是眉開眼笑，他為了讓我們更喜歡我們的學科，常在我們最喜歡的餐館討論。他在我們身上花的時間和金錢，遠遠超過了他微薄的收入。」我父親是在 70 歲高齡，經過從軍、從政、寫作等職業後才找到了他的最愛——教學。

他過世後，學生在他的抽屜裡找到他勉勵自己的兩句話：「老牛明知夕陽短，不用揚鞭自奮蹄。」最令人欣慰的是，他在人生的最後一段路上，找到了自己的最愛。

那麼，如何尋找興趣和熱情呢？首先，你要把興趣和才華分開。做自己有才華的事容易做出成果，但不要因為自己做得好，

就認為那是你的興趣所在。為了找到真正的興趣和熱情，你可以問自己：對於某件事，你是否十分渴望重複它，是否能愉快地、成功地完成它？你過去是不是一直嚮往它？你是否總能很快地學習它？它是否總能讓你滿足？你是否由衷地從心裡喜愛它？你的人生中最快樂的事情是不是和它有關？

當你這樣問自己時，注意不要把你父母的期望、社會的價值觀和朋友的影響融入你的答案，不要把社會、家人或者朋友認可和看重的事當作自己的愛好，而是親身體驗並用自己的頭腦做出判斷。

其次，不要以為有趣的事就是自己的興趣所在，不要以為有趣的事情就可以成為自己的職業。例如，喜歡玩網路遊戲，並不代表你會喜歡或是有能力開發網路遊戲，不要以為有興趣就意味自己有這方面的天賦，不過，你可以盡量尋找天賦和興趣的最佳結合點。

例如，如果你對數學有天賦又喜歡電腦專業，那麼你可以嘗

如何尋找興趣和熱情？要把興趣和才華分開，做自己有才華的事容易做出成果，但不要因為做得好，就認為那是興趣所在。

試做電腦理論方面的研究工作。最佳尋找興趣點的方法是開拓自己的視野，接觸更多的領域。如果我當年只是乖乖地在法律系上課，而不去嘗試旁聽電腦系的課程，我就不會去電腦中心打工，也不會去找電腦系的助教切磋，就更不會發現自己對電腦的濃厚興趣。

如果你能明確回答上述問題，那你就是幸運的。如果你仍未找到這些問題的答案，那我只有一個建議：給自己最多的機會去接觸最多的選擇。記得我剛進卡內基美隆的博士班時，學校有一個機制，允許學生挑老師。在第一個月裡，每個老師都使盡渾身解數吸引學生。正因為有了這個機制，我才幸運地碰到了我的恩師瑞迪教授，選擇了我的博士研究方向——語音辨識。

雖然並不是所有的學校都有這樣的機制，但你完全可以自己去了解不同學校、專業、課題和老師，然後從中挑選你的興趣。你也可以透過圖書館、網路、講座、社團活動、朋友交流、電子郵件等方式尋找興趣愛好。唯有接觸你才能嘗試，唯有嘗試你才能找到你的最愛。

我的朋友張亞勤曾經說過：「那些敢於去嘗試的人一定是聰明人。他們不會輸，因為他們即使不成功，也能從中學到教訓。所以，只有那些不敢嘗試的人，才是絕對的失敗者。」希望各位同學盡力開拓自己的視野，不但能從中得益，而且也能找到自己的興趣所在。

## 方向 3：設定階段性目標前進

找到了你的興趣，下一步該做的就是制定具體的階段性目標，一步步向自己的理想邁進。

首先，你應客觀地評估距離自己的興趣和理想還差些什麼？是需要學習一門課、讀一本書、做一個更合群的人、控制自己的脾氣還是成為更好的演講者？ 15 年後成為的最好的自己和今天的自己會有什麼差別？你應盡力彌補這些差距。

當我決定我一生的目標是要讓我的影響力最大化時，我發現我最欠缺的是演講和溝通能力。我以前是一個和人交談都會臉紅，上台演講就會恐懼的學生，我做助教時表現特別差，學生甚至給我取了個「開復劇場」的綽號。

因此，為了實現我的理想，我給自己設定了多個提高演講和溝通技巧的具體目標。比如，我要求自己每個月做 2 次演講，而且每次都要我的同學或朋友去旁聽，給我回饋意見。我對自己承諾，不排練 3 次，絕不上台演講。我要求自己每個月去聽演講，並向優秀的演講者求教。

有一個演講者教了我克服恐懼的幾種方法，他說，如果你看著觀眾的眼睛會緊張，那你可以看觀眾的頭頂，而觀眾會依然認為你在看他們的臉。此外，手中最好不要拿紙而要握起拳來，那樣，顫抖的手就不會引起觀眾的注意。

當我反覆練習演講技巧後，我自己又發現了許多祕訣，比

如：不用講稿，透過講故事的方式來表達時，我會表現得更好，於是，我仍準備講稿但只在排練時使用；我發現我回答問題的能力超過了我演講的能力，於是，我一般要求多留時間回答問題；我發現講自己不感興趣的東西就無法講好，於是，我就不再答應講那些我沒有興趣的題目。幾年後，我周圍的人都誇我演講得好，甚至有人認為我是個天生的好演說家，其實，我只是實踐了勤奮、向上和堅毅等傳統美德而已。

其次，你應該設定階段性、具體的目標，再充分發揮中國人的傳統美德——勤奮、向上和堅毅，努力完成目標。

去美國之前，我只學過半年英語，因此，語言障礙成為我面臨的最大難關。剛開始，同學和老師說的話，我幾乎一句也聽不懂，那種感覺非常痛苦。那「催眠」一般的語速，總讓我在課堂上打起瞌睡。有時候，聽到同學們因為老師的一句笑話笑得前俯後仰，我才從夢中驚醒，但還是摸不著頭腦。

天書一般的英文，開始讓我有些望而卻步，後來，我乾脆帶幾本中文的武俠小說到課上去讀，因為覺得怎麼聽也聽不懂，還不如看小說。美國的教育頗為寬鬆，老師看到了，多半不會當面指責你，而是聽之任之。

然而，我心裡又暗暗憋了一股勁。那麼聰明的我，不應該被語言絆倒啊！於是，我找了一大本英文單字書來背，經常背到半夜，不會的就一次次地翻厚厚的中英對照辭典。不過，沒多久，

我就發現這並不是學英文的最好方法。因為，即使當時記住了一個單字，但是使用率不高的話，就會完全忘記。我終於領悟到，在沒有環境的情況下，背單字是沒用的。

後來，我還是下定決心用多交流的方式來學習英文。下了課，我不再膽怯，站在同學中間聽他們說話。如果 5 個詞當中有 4 個聽懂了，只有一個聽不懂，我也會趕緊問，同學們會再用英文解釋一遍給我聽。回家以後，我會默默回憶我聽不懂的單字，然後記下來。而上課的時候，遇到聽不懂的內容，我也勇敢舉手問老師，請求老師再說一遍。

在到橡樹嶺聖瑪麗學校的第一年，老師們對我十分照顧。校長瑪麗·大衛女士甚至犧牲自己的午飯時間幫我一對一地補習英文，她列印了小學一年級的課文，每天拿來給我念。我還清晰地記得，她教我的第一篇課文是：

I have a dog named Spot.

See Spot walk.

See Spot run.

我有一條叫小花的狗。

看小花走。

看小花跑。

　　從這樣簡單的課文起步，我們堅持了一年。在這一年裡，我的英文水準迅速提高。學校裡所有的老師還允許我享受「開卷考試」的特殊待遇，她們讓我把試卷帶回家，並且告訴我題目裡不認識的單字可以查字典，但是不能看書找答案。我每次回到家都嚴格按照老師說的做，遇到題目裡不認識的單字就去查字典，但是從來沒有去翻書找過答案。因為，我覺得這是老師給我的最大信任，我不能辜負這份信任。

　　通過種種管道的學習，我的英文終於逐漸接近同齡人的水準了。一年以後，我完全可以聽懂老師講的話了，英文會話也沒有問題了。到了初中三年級，也就是到美國兩年之後，我寫的作文「漠視——新世紀美國最大的敵人」居然獲得了田納西州的前 10 名。我想，這和我年齡小、容易接受新的語言不無關係，但也和我勤奮的學習有關。

　　再舉另一個例子，讀博士期間跟著瑞迪教授做研究時，我每天上午 9 點起床，到學校完成自己必須做的課業、助教等工作，中午回家，從中午 1 點工作到淩晨 2 點，一星期有 6 天都是如此，只有星期天是承諾妻子的「休息日」。就算星期天，我也會多次上機去看看我的實驗是否在跑。一天 18 個小時，一週 100 多個小時，我堅持了 3 年半。

　　從 1984 年底到 1987 年初，我帶著另一位學生一起用統計的方法做語音辨識。同時，其他 30 多人用專家系統做同樣的課題。

在 1986 年底，我的統計系統和他們的專家系統達到了大約一樣的水準——40% 的辨認率。這雖然還是完全不能用的系統，但畢竟是學術界第一次嘗試這麼難的問題，大家還是比較欣喜和樂觀的。

1987 年 5 月，我們大幅度地提升了訓練的資料庫，我又想出了一種新的方法來提高識別率，居然把機器的語音辨識率從原來的 40% 提高到了 80%！統計學的方法用於語音辨識初步被驗證是正確的方向，我的內心充滿了喜悅。

雖然識別率出現了跳躍式的前進，但是我一直在問自己，80% 的語音辨識率有沒有可能再提高一步？從學術會議上回來，我回到了自己租的小屋裡，繼續做著各種試驗和統計，希望有一天語音辨識率能夠「更上一層樓」。每一天，我幾乎都是睏到無法撐開眼皮才睡。

奇蹟在某一天早上發生了，當我睡眼朦朧地開始敲程式的時候，忽然發現語音辨識率一下子提高到了 96%！我揉了揉眼睛，

找到興趣並設定階段性、具體的目標，再充分發揮中國人的傳統美德——勤奮、向上和堅毅，努力完成。

不敢相信。我趕緊把程式重新敲了一遍，發現語音辨識率果然提高到了 96%，一股巨大幸福的眩暈感湧了上來。在昨天晚上的一個程式中，我只改寫了一些細節，沒有想到，正是對這些細節的修改，讓我的研究成果取得了突破性的進展。

我從這幾個經歷裡感受到目標都是屬於自己的，目標設定過高固然不切實際，但目標也不可定得太低。制定最合適的目標，主動提升自己，並在提升的過程中客觀地衡量進度，達成了一個目標後，可以再制定更有挑戰性的目標。最重要的是，要為了達到自己的目標付出一步步堅實的努力。

我希望你們可以從這封信中獲得「人人都可以成功，我可以選擇我的成功」的信念，希望你們能夠成為一個擁有正確的積極價值觀、態度和行為的人；一個追尋理想和興趣、終身學習和執行的人；一個能夠從思考中認識自我、從學習中尋求真理、從獨立中體驗自主、從實踐中贏得價值、從興趣中找到快樂、從追求中獲得力量的人；一個擁有選擇智慧，並用智慧選擇成功的人；一個融會中西的國際化人才；一個最好的自己。

## Letter 9

談選擇　聽從內心選擇，為自己全力以赴

反覆叩問自己的內心，向人生更遠的方向看去，而不是被眼前的喧囂
所迷惑。

寄件人：李開復　▼

2009 年 8 月 5 日，美聯航 UA888 次航班緩緩地在美國加州降落，我又一次來到了那座再熟悉不過的港口城市——舊金山。我曾經在這裡起飛、降落過無數次。當時眼前的景色依然深刻地印在我的腦海裡：陽光溫暖地照耀著水面，空氣裡有股微甜的清新味道，遠處舊金山灣的海水，灰中微微蕩漾著湛藍，橫跨在海面上那座著名的磚紅色大橋，剛毅挺拔，泛著陳舊的歲月光芒。我深深地吸了一口早晨清冽的空氣，好像在用心感受一種不同於以往的心情。

當時，我即將做出一個重要的人生選擇。儘管前面充滿了懸念，但是我依然相信內心的聲音。我知道，只有追隨我內心的選擇，才能激發起身體裡最大的潛能，拚盡全力向下一個目標靠近，一如過去很多選擇曾帶給我類似的人生體驗。在這封信裡，我想跟你們分享我的關於選擇的故事。

我無法忘記 1990 年夏天那次來到加州的情景，那時我也面臨著一個巨大的選擇。當時年僅 28 歲的我是卡內基美隆大學最年輕的副教授，只要再堅持幾年就可以得到終身教授的職位。這意味著終身的安穩，可以在世界排名第一的大學電腦系中做研究。但是蘋果公司希望我放棄這一切，我清楚地記得當時蘋果公司的副總裁大衛·耐格爾（Dave Nagel）對我說的話，他舉著一杯透亮的葡萄酒對我發出邀約：「開復，你是想一輩子寫一堆像廢紙一樣的學術論文呢，還是想用產品改變世界？」

這句話直擊我的軟肋，點燃了我多年「世界因你不同」的夢想。Make a difference——讓世界因我不同，一直是我在哥倫比亞大學時期的哲學老師最推崇的人生態度。想像一個沒有你的世界，讓有你的世界和無你的世界作對比，讓世界由於你的態度與選擇發生有益的變化。老師說，這就是人生存在的哲學意義。讓世界因我不同，將人生的影響力最大化，給我一種思考與世界觀。

1990 年，我做出了職業生涯中第一個重要選擇，我放棄了對終身教授職位的追尋，加入了改變世界的隊伍。

這給我的人生帶來了無盡的驚喜。

在蘋果公司，我感受到做產品的無窮樂趣，我和同齡人一起暢遊在市場前線，感受著撲面而來的市場競爭。在一個叫 Mac III 的小組，我們嘗試著把語音辨識的技術融入電腦裡，試著讓躺在紙上的學術論文變成現實。一年之後，我成為蘋果研發集團 ATG 語音小組的經理，後來成為蘋果公司最年輕的副總裁。

在蘋果，我的團隊發明了 Quick Time，這個產品點燃了多媒體革命，也促成了像 iPod、iPhone 這樣的奇蹟。經過在蘋果的成就與挫折，我逐漸理解紙上談兵的理論創新是無用的，做產品必須與實際相結合，要做有用的創新。

這次選擇奠定了我今後的道路，我放棄了一個鐵飯碗，卻開始擁抱更精采的人生。

在這之後，我不再害怕放棄。我相信，只要從心開始，每一

個選擇背後，都隱藏著一片新世界。當一個機遇來臨，只要正確評估自己的潛能，融入對人生的理解，就能獲得這片新世界。

1998 年，當我選擇回北京創建微軟中國研究院時，身邊相當多的科學家都認為我頗具「冒險精神」。他們認為當時中國大陸的學術環境不佳，人才不夠優秀，生活條件艱苦。幾乎所有人都認為微軟中國研究院成功的可能性不大，這樣的選擇很可能「自毀前程」。但是，這些都無法改變我追隨內心的決定，因為我一直受到父親的影響。

我的父親出生在四川，晚年一直在台灣生活。他從來沒有忘記對祖國的愛。不管是早年在書房裡埋頭撰寫有關祖國的書籍，還是晚年到美國陪我生活時透露讓我回國的願望，我都能深刻地感覺到他內心那一份深厚的感情。父親對祖國的感情震撼了我，也給了我選擇的勇氣和決心。

背負著父親的理想和自己內心的願望，我不顧勸阻到北京。在那座咖啡色的希格瑪大廈裡，我們從一個 3 人小團隊開始孤軍奮戰，到設計出一個研究院運營的體制，到攻破一個個科研課題，微軟中國研究院從一個很小的雛形漸漸演變成了一個頗具規模、具有國際水準的研究機構。我們發表的論文在相關領域超過了亞洲任何類似的科研組，甚至足以挑戰美國最先進的高校。我們被麻省理工學院選為「世界最頂尖的電腦實驗室」。員工們緊密團結的合力最終成就了微軟中國研究院的起飛，這也再次見證

了選擇的力量。

當你聽從了內心的聲音，你就會全力以赴地為那個聲音努力、拚搏，直到到達彼岸。

通過這次選擇，我逐漸意識到自己喜歡做的事情和自身的優勢。這種感覺在我被調回微軟總部後更加深刻。與其在一個龐大的機構裡當一個隨時可被替換的「光鮮零件」，我更願意利用自身優勢，做開創性的工作。於是，一種力量驅使我做出另一個令人激動的選擇。我放棄了世界最大、最成功的微軟，從這架龐大的機器上把自己替換出來，選擇把另一個矽谷童話帶到中國。

當我看到 Google 決心在中國開拓市場時，我相信，這個機會離我只有一步之遙。我給我的老朋友，Google 的首席執行長艾瑞克·施密特（Eric Schmit）寫了一封希望加盟的郵件，得到了張開雙臂的歡迎。當心中的聲音足夠強烈的時候，選擇就不該有絲毫遲疑。

儘管西雅圖和矽谷都在美國西部，距離很近。但是從那兒到

> 心中的聲音足夠強烈的時候，選擇就
> 不該有絲毫遲疑。

這兒，我卻整整走了 2 個月。一次普通的工作轉換意外地演變成我人生中最大的風波。微軟以我違反競業禁止協議為由，將我和 Google 一併告上法庭。

我相信，是從心選擇的力量支撐著我度過了那段日子。它讓我從悲憤中漸漸地安靜下來，用胸懷接受了不能改變的事情，然後激勵自己用勇氣來改變可以改變的事情。這件事情像一面凸透鏡，聚焦了人性的美醜，也凸顯了從心選擇的強大力量。當所有的風暴過去，剩下的只有更加堅強的生命、更加堅定的意念。

回過頭來看那段歲月，我感覺它像金子一樣在發光，因為它給予了我人生中更為寶貴的經驗，那就是面對人生低谷時如何做出選擇，是放任自己的悲傷還是逆流而上？這些經驗都被用在了我之後在 Google 中國的 4 年時光裡。

經歷重大的放棄與選擇之後，我迎來了一片新的世界。加入 Google 中國是一段無怨無悔的日子，我甚至可以說，這是截至目前，我職業生涯中最精采、最具有戲劇性的篇章。之前的離職風波，讓我與 Google 中國有一種惺惺相惜的感覺。感覺它更像我的朋友、我的家人，而不是一份單純的工作。因此，整個過程我都全情投入。

從修改一個搜索結果的微小細節出發，到對公司戰略的全盤把握，在整整 4 年的時光裡，我努力地把 Google「平等、創新、快樂、無畏」的精神帶到中國。這個過程並非一帆風順，但是我

們堅持著自己的信念與價值觀，保持著超強的耐心精耕細作。

　　從 2006 年強調專注於搜索功能開始，我壓抑著身邊躍躍欲試的年輕工程師要做更酷、更炫的產品的呼聲，同時也把那些「想快賺錢，買流量」的聲音遮罩在我們的世界之外。解決網路斷線問題、提高搜索品質、讓整合搜索呈現得更完美──這是 Google 中國創立後最專注的事情。

　　在 Google 的經歷甚至讓我忘記了以前碰到的冤枉和委屈，也讓我忘記了險惡的互聯網環境中遭遇的挑戰和坎坷。這種改變世界的感覺帶來了心中的一股暖流，讓我再次相信：只有發自內心的選擇才能夠支撐你度過一個又一個難關。

　　在 Google 的這 4 年對我來說，又是一次飛躍式成長。所有的經驗、所有的成敗、所有的榮辱換來的抗壓能力、應對暴風驟雨般危機的能力，已經全部融會貫通在我的血液裡。然而，當 Google 向我發出新的邀請，邀請我下一個 4 年繼續留任時，我的回答卻是──不！

　　當我嘗試著把離開 Google 的決定告訴身邊的親人時，他們不禁瞪大了眼睛驚呼：「什麼，你開玩笑？世界上還有更好的工作嗎？」我當時面對的是價值上千萬美元的股票和薪水，一個風光誘人兼具辛苦的職位，一個被天才們包圍的工作環境。是的，這樣的工作機會已經千載難逢，那還有什麼能夠讓我痛下決心呢？

　　我想，那就是來自我內心深處的聲音了。當時的 Google 中

國已經發展到一個平穩的階段。對於 Google，我已經沒有遺憾，但我的人生還有一個缺憾沒有實現，就是去創辦一家幫助青年創業的「創新工廠」，和青年一起打造新奇的技術奇蹟，我想用自己的主動性做一個掌控全域的工作。我已經到了這個人生階段，再不去做，我真的很怕來不及了。

當一個微小的火種慢慢地在心裡閃爍，最終蔓延成為燃燒的火焰；當一個並不清晰的潛意識漸漸地野蠻生長，成為了明確的意志；我想，這就是做出改變的時候了。這和我此前很多次的人生經歷相似，每一次放棄，都有爭議，都有掙扎，都有留戀。但是最終通過理性走向平靜，我深刻地知道，每一次的放棄與選擇，都是「捨」與「得」的對應。我們只有傾聽內心的聲音，真正做到「捨棄」，才可能讓自己全力以赴，到達心中的下一個「理想國」。

隨著年齡增長，每一次選擇的機會成本會愈來愈大。隨之對應的是做出選擇時需要的勇氣愈來愈多，勇氣與年齡的增長就成了反比。因此，我堅定地在此刻做出選擇，生怕日後再沒有機會。

回顧我的工作經歷，經過蘋果、SGI、微軟、Google 這 4 家世界頂級公司的歷練，我感覺到內心漸漸充滿了一種能量。這種能量讓我從心底生出很多有關產品的奇思妙想，我的一些思緒常常在空氣中馳騁，卻又被眼前現實中巨大的工作量所淹沒。我希望我能有不囿於眼前緊密日程表的一片空間，能夠放鬆地讓這些

奇思妙想落地生根、發芽，給人們的生活方式帶來驚喜。

不僅如此，我希望把所有聰明人關於科技的奇思妙想集中到一個盒子裡，然後讓它們經過碰撞，擦出火花，最終經過經驗豐富的導師的指導，形成獨立的團隊投入運作。我的理想是讓這個盒子成為「哈利‧波特的魔法書」，產生「改變世界某個細枝末節」的魔力。

這 11 年斷斷續續在中國大陸的工作經歷，以及父親對我的影響，讓我對這片土地充滿了難以表述的感情。因此我毫不遲疑地仍將下一個目的地定位在這裡。尤其是我與中國青年 10 年的交流與接觸，讓我相信這裡的智慧記憶體無比強大。

因此，當時機逐漸成熟，我終於可以輕裝前進，和年輕人站在一起時，我將把畢生工作所得的經驗親手教給他們。我希望能夠和他們在一起，讓我之前積累的工作經驗，能夠很好地幫助他們建立團隊、孕育文化、提升領導力。我希望和他們在一起，讓我所創立的「創新工廠」提供給他們一個機會，讓他們有資金、

> 每一次的放棄與選擇，都是「捨」與「得」的對應。傾聽內心聲音，真正做到「捨棄」，才能讓自己全力以赴，到達下一個「理想國」。

有時間去實現自己的創業夢想，而我也願意充當一個創業教練的角色，站在他們身邊，告訴他們我所犯過的錯誤，讓他們能夠飛過一片時間的海洋，找到到達成功彼岸的路徑。

是的，這就是我的新選擇。

從一個資深職業經理人的角色裡脫身而出，變成一個帶領年輕人的創業者，一個互聯網「創新工廠」的領頭人，一個創業者的教練。我相信，我還能找到從無到有創建一個機構的熱情。審視自身，為什麼我的內心會發出這樣的聲音呢？

我與我在讀博士期間的同學蘭迪・鮑許教授有著十分相近的想法。罹患胰腺癌的蘭迪在過世前曾經做過一場風靡全美的講座，題目是「真正實現你的童年夢想」，該講座的影片在不同的視頻網站上被點播了上千萬次，《華爾街日報》把這次講座稱為「一生難覓的最後的講座」。蘭迪除了告訴人們應該不斷打破自己內心的磚牆，克服恐懼追尋自己內心的夢想之外，還講到了真正偉大的目標：幫助別人完成夢想，做一個助人圓夢者。他說：「我發現，幫助他人實現他們的夢想，是唯一比實現自己的夢想更有意義的事情。」

我愈來愈相信，當我已經完成了很多夢想之後，我更大的願望就是幫助年輕人圓夢。這將比個人的成功更具有意義，也可以將我個人的力量盡可能地放至最大。

我一直認為蘭迪教授所說的「Lead your life（引領自己的一

生）」這句話既簡短有力又意味深長。「Lead your life」而不是
「Live your life（過一生）」，也就是說，不要只是「過一生」，而
是要用夢想引領自己的一生，要用感恩、真誠、助人圓夢的心態
引領自己的一生，要用執著、無懼、樂觀的態度引領自己的一
生。如果做到了這些，人的一生就不會再有遺憾。如果說之前的
選擇我是在一個框架之下做出的，那麼現在的選擇，則更有
「Lead my life」的色彩。

因此，我熱切盼望著和年輕人並肩作戰的日子，那將是一段
更為大膽、未知的旅途。

這就是我的關於選擇的故事。

人的一生將會面臨著無數的選擇，每走一步都決定著「人生
下一步」這個嚴肅的命題。它如此玄妙，又如此令人緊張。很多
同學都在不同的場合問我，怎樣才能擁有選擇的智慧？

我的答案就是，反覆叩問自己的內心，向人生更遠的方向看
去，而不是被眼前的喧囂所迷惑。

正如蘋果創辦人賈伯斯曾經勸慰年輕人的那樣：「不要被信
條所惑，盲從信條就是活在別人思考的結果裡。不要讓別人的意
見淹沒了你內在的心聲。最重要的，擁有跟隨內心與直覺的勇
氣，你的內心與直覺多少已經知道你真正想要成為什麼樣的人，
任何其他事物都是次要的。」

你未來的人生之路，就在你的每一次選擇中。

## Letter 10

### 談愛 | 發揮人類與 AI 優勢，生活更富足

我堅信的未來是由人工智慧的思考能力，加上人類愛的能力構築的。

寄件人：李開復　▼

我是個在愛中長大的小孩，母親在 40 多歲高齡生下我，給了我無盡的愛。父親對我的愛深沉如山。我在 21 歲時就結了婚，妻子先鈴自始至終給了我無微不至的照顧。我生活在愛中，當時卻不自知。直到我生病了，在與病魔鬥爭的日子裡，是家人的愛給了我勇氣，讓我戰勝病魔。這給我對思考人工智慧與人類的共處問題帶來了新思路。人工智慧時代，愛讓我們有別於人工智慧。在這封信裡，我想跟你們談談愛。

年輕的時候，我對人工智慧產生無比的熱愛，無形中我的思維方式與電腦演算法的清晰邏輯如出一轍。在追求事業的同時，我努力尋求事業和家庭的平衡，我的方法是，把生活中的一切事物——友情、工作和家庭時間轉換成演算法的變數，輸入我的「人生演算法」，求取結果。

這套「人生演算法」和其他演算法一樣，必須在多重目標之間找到平衡。就像自動駕駛汽車不僅要規劃最快到家的路線，還要遵守法規、減少事故風險，我也必須在個人的生活和職業發展之間做權衡。

年輕的我竭力攀登事業高峰，因此我的演算法主要是為了實現我自身的職業規劃而開發，目標是使工作時間、社會名聲和職業地位呈現最優的型態。現在回想起來令我羞愧的是，當時我的家庭生活只能以函數優化的方式被處理：盡可能少花時間並且實現預期結果。而當我罹患癌症後，我最大的遺憾是，我沒有把時

間花在陪伴家人上。在與病魔鬥爭的日子裡，家人的愛不僅給了我身體上的重生，也讓我的精神受到了一次洗禮。

生病以來，家人給予我的關愛是治療期間支撐我的力量泉源。儘管這麼多年來我陪她們的時間很少，但在我生病後，妻子、姊姊們和兩個女兒馬上前來照顧我。在讓人筋疲力竭且似乎永無止境的化療過程中，先鈴始終陪著我、照顧我，睡覺的時候守在我床邊。化療會影響消化系統，有些正常的氣味和味道都會引起反胃或嘔吐。我的姊姊們給我送飯時，都會仔細注意我對每種氣味或味道的反應，不斷調整食譜和配料，以便我在治療期間也能享用她們在家裡烹煮的食物。

在治療期間，她們無私的關愛和無微不至的照顧讓我感動得不能自已。她們親身示範了我頓悟到的一切，我把之前想通的所有內容整合起來，變成了澆灌我的內心、隨我的身體一起恢復健康的情感。

這些領悟也令我重新審視人與機器、人類心靈與人工思維之間的關係。我回想生病的經歷，從正子斷層掃描（Positron Emission Tomography，簡稱 PET）開始，到診斷、感受自身的痛苦以及隨後生理和心理上的恢復，通過這些我逐漸認識到，治癒我的藥物包含兩個部分：科技和情感，這兩點都將成為人工智慧未來的支柱。

醫護人員用他們多年的經驗和尖端的醫療技術控制住了我體

內生長的淋巴腫瘤，他們用專業知識以及為我量身定制的治療方案挽救了我的生命。然而，這僅僅是治癒我的半劑良藥。先鈴、女兒、姊姊們和母親對我無私的愛，給了我巨大的精神動力戰勝病魔，讓我知曉了愛的意義。此外，布朗妮・維爾關於臨終遺憾的嘔心瀝血之作，在我最脆弱的時刻讓我重燃希望。如果沒有這些不可量化的感情聯結，我永遠不會明白生而為人的真正意義。

在不久的將來，人工智慧演算法可以代替醫療人員完成許多診斷工作。人工智慧演算法做出的診斷、給出的治療處方甚至比人更有效率，但沒有任何演算法可以替代家人在我的治療過程中的作用。他們給予我的東西比人工智慧產生的東西要簡單得多，卻也深刻得多。

人工智慧固然強大，而人類獨有的愛，才是我們生活中最需要的。

2017 年 5 月 27 日，柯潔輸給 AlphaGo 的那場對決結束後，很多人驚呼機器可以戰勝人類了，但我對這場比賽卻有著另一層認識。當其中一局比賽進行到 2 小時 51 分時，柯潔遇到了瓶頸，他已經竭盡全力，但他也知道這還不足以對抗強大的 AlphaGo。他的頭低垂在棋盤上方，皺著眉頭，噘起嘴唇……，他取下眼鏡，再也無法克制自己的情緒，用手背輕拭雙眼泛出的淚水。

這些動作轉瞬即逝，但所有人都能看出他的情緒。那些淚水引發了人們對柯潔的同情與支持，在這 3 局比賽中，柯潔流露出

　　了人類真實情緒的起伏——自信、焦慮、害怕、希望和心碎。這展現了他的拚搏精神，我也看到了真正的愛——出於對圍棋、圍棋歷史以及對這項遊戲純粹的愛，他願意與無法戰勝的對手纏鬥。看了柯潔比賽的人也對他報以同樣的愛意，AlphaGo獲得了比賽的勝利，落敗的柯潔卻成了人們心目中的鬥士。在人們相互之間的愛意中，我窺見了人工智慧時代尋找工作與生命意義的希望。

　　我相信，如果能用好人工智慧技術，人們有機會看清身為人類的真正意義。

　　我在接受化療時，有一位連續創業的老朋友來拜訪，給我講述了最近創業中遇到的問題。這位朋友成功創辦並賣掉過幾家消費領域的科技公司，隨著年齡增長，他想做一些更有意義的事情：為科技創業公司常常忽略的人群，開發適合他們的產品。朋友的父母和我的父母都到了日常生活需要更多幫助的年齡，所以他決定開發能夠方便老年人生活的產品——一款放置在老年人床

> 人工智慧固然強大，而人類獨有的愛，才是我們生活中最需要的。

邊的觸控示螢幕。

　　透過這塊大螢幕，老人可以使用一些簡單實用的應用程式來獲得線上或線下服務，如訂餐、看電視劇、和醫生通電話等。老年人難以駕馭複雜的互聯網產品，也很難準確點擊智慧手機的小按鈕。而這款產品將一切盡可能簡化，所有的應用程式僅需點擊幾下即可使用，螢幕邊緣還有一個可以直接呼叫客服的按鈕。

　　我覺得這是一款非常棒的產品：子女成年後忙於工作，無暇照顧年邁的父母，幾乎在世界上的每個角落都有這樣的情況出現，一塊觸控示螢幕很好地解決了這樣的問題。但在產品測試版投入市場後，一個意外的問題出現了：在所有的功能和應用中，使用最多的不是食品配送、電視控制或醫療服務，而是按鍵呼叫客服。於是，公司客服人員接到了大量老人的來電。這究竟是為什麼呢？是設備不夠簡單易用，還是老人連按一下螢幕都有困難？

　　都不是。根據客服人員的回饋，老人們呼叫客服並不是因為有操作困難，而是因為感覺孤單，想有人陪著說話。許多老人的子女都會盡力滿足父母的物質需求，如吃飯穿衣、看病抓藥、日常娛樂等。但是老年人最大的需求——人與人之間的真實交流，卻無法滿足。

　　如果幾年前有人問我同樣的問題，我的建議很可能是用科技手段解決，例如提供人工智慧聊天機器人給老年人群。但自從患

病後，我開始思考人工智慧引發的就業與生命意義的危機問題。這時，我的答案明顯不同了。在觸控式螢幕老年用戶渴望與真人交流的需求裡，我看到了人類和人工智慧共存的可能。

沒錯，智慧型機器將愈來愈擅長人類目前的工作，也能逐步滿足人類日益增長的物質需求，影響行業發展並逐漸取代人力勞作。但是，愛是我們與智慧型機器最大的不同之處。

不管機器學習方面取得多大進步，我們依然沒辦法創造出可以感受情緒的人工智慧機器。例如，機器能體會到投入一生時間後終於擊敗世界冠軍的那一刻狂喜嗎？AlphaGo 確實擊敗了世界冠軍，但它體驗不到成功的喜悅，更不會因此激動得想擁抱它愛的人。

與科幻電影「雲端情人」描繪的不同，人工智慧還是沒有愛或被愛的能力與渴望。該片的女主角史嘉蕾．喬韓森（Scarlett Johansson）或許能讓我們相信人工智慧具備愛的能力，但我們有這種感受的原因也很好理解——史嘉蕾是人類，她在電影中用她對愛的理解打動了觀眾。

試想，先告訴一台機器將被永遠關機，然後又告訴它計畫有變，它可以繼續「存活」下去，這台智慧型機器會因此改變它的「人生觀」，或發誓花更多時間去陪伴它的機器夥伴們嗎？我相信，它不會變得感性，也不會發現愛人或服務他人的價值。

我看到未來社會的希望，是人類在心靈成長、同理心與愛這

些方面獨一無二的能力。我們必須在人工智慧和人類特有的感情之間建立新的協作，並利用人工智慧必將帶來的高效生產力，讓社會變得有愛、有人情味，這樣，人類在未來才可以同時享有經濟繁榮與精神富足。雖然前進的路上會有坎坷，但是如果我們能夠因這個共同目標而團結起來，我相信人類不僅在人工智慧時代可以存活下去，我們更會以前所未有的速度蓬勃發展。

在我進行化療、癌症開始好轉的時候，我發誓要謹記癌症帶給我的啟示。確診後幾週的時間裡，我經常夜不能寐，一遍遍地回顧我的人生，思考自己為什麼如此盲目。我告訴自己無論還有多少時間，都不能再讓自己成為一個機器。我不會靠著演算法生活，也不會盡力優化變數。我會嘗試與愛我的人分享愛，做一個懂得愛人的人。

康復後，我開始珍惜與最親近的人相處的時光。以前，我的兩個女兒放假時，我只會抽 2、3 天的時間陪伴她們。而現在，我會花 2、3 週的時間與她們共處，甘之如飴。無論出差還是渡假，我都會和妻子一起出行。我抽出了更多的時間在家照顧母親，在週末與老友們一同出遊。我也主動聯繫了多年前曾經被我傷害或忽略的朋友，請求他們原諒我，希望可以重建友誼。

我會與那些向我求教的年輕朋友見面，而不只是通過社交媒體，進行不那麼直接的交流。我盡量不用「潛力大小」來安排會面順序，無論來人地位或才能如何，我都會盡我所能與所有人平

等接觸。我不再思考墓碑上將會寫什麼，這不是因為我害怕思考死亡這件事，而是現在的我更加清楚，生命無常，死亡一直長伴左右。墓碑只是一塊死氣沉沉的石板，無法與生活中豐富多彩的人們相提並論。我認識到，周圍許多人視為本能的事情，我才剛開始了解。

雖然這些領悟很簡單，卻改變了我的生活。

愛是第一眼看到新生兒的瞬間，是墜入愛河的那一刻，是朋友的傾聽所帶來的溫暖，或是幫助別人時感受到的自我提升……，人類對自己的心靈還欠缺認識，更談不上去複製。但是我們確實知道，只有人類具有愛與被愛的能力，也希望愛別人和獲得愛。

愛與被愛的感受構成了我們生命的意義，我堅信的未來是由人工智慧的思考能力，加上人類愛的能力構築而成。如果我們能夠創造這種加乘作用，我們就能在發揚最根本的人性的同時，利用人工智慧無比強大的力量創造一個繁榮的世界。

利用人工智慧的高效生產力，讓社會變得有愛、有人情味。這樣，人類在未來才可以同時享有經濟繁榮與精神富足。

Letter 11

## 談幽默 | 幽默是把寶劍，助你度過難關

我天生的樂觀和幽默感大概是在我生死關頭、命懸一線時，一次又一次地引領我走出困境、發揮自身療效的一劑良藥。

寄信人：李開復 ▼

　　很多人剛跟我接觸時，會覺得我很嚴肅。但是，接觸久了，又覺得我這個人很幽默。其實，我從小就是個很愛搞惡作劇的小孩，幸運的是，我的媽媽與很多傳統的家長不同，她很容忍我的惡作劇，一般也任由我去發揮自己的「創造力」。我認為幽默是埋在我血液裡的因子，同時也是我寬容的家庭氛圍給我的一種樂觀特質。

　　罹患癌症後，我天生的樂觀和幽默感大概是在我生死關頭、命懸一線時，一次又一次地引領我走出困境、發揮自身療效的一劑良藥。在這封信裡，我想和你們說一說我的幽默，你會看到一個不一樣的李開復。同時，也希望你們能認識到幽默是一種非常難得，能夠助你度過難關的特質。

　　其實我發自內心地認為，幽默是我們李家的家風，我頑皮的天性自幼就不時展露，詼諧搞笑的個性在美國的自由環境中，更如春風野草般得以盡情發揮。

　　小時候我最討厭的事情，就是上床睡覺。每次我上床以後，總是一個人躺在黑黑的房間裡睜著眼睛想：為什麼小孩子必須睡，而大人可以接著玩呢？每次我都深感失落，恨不得將睡覺時間縮到最短。有一次，我實在不想睡覺，就突發奇想，何不把家裡所有的鐘都撥慢 1 個小時呢？於是，我趁家裡沒人，爬上高高的櫃子，撥慢了大大的鐘，又潛入母親的臥室，調慢了她的鬧鐘，接著跑到姊姊的房間裡，弄慢她的手錶。一輪下來，我滿頭

大汗，終於完成了所有的「工程」。

當晚，我順利地晚睡了1個小時，特別得意。可是第二天，全家老小都被害得晚起1個小時。上班的、上學的，雞飛狗跳，落荒出逃。姊姊們怨聲載道，而就算是這樣頑皮，媽媽還是寬容地對我，沒有罵我，甚至說：「么兒還挺聰明的！」

小學五年級的時候，我和外甥偉川合著了一部科學、武俠、傳奇、愛情巨作——《武林動物傳奇》，書中人物角色就是我的家人。

我給他們每個人都編了個名字，他們要麼行俠仗義，要麼懲惡揚善。在開篇的人物介紹裡，我根據他們的性格特徵畫了像、做了詩。我的四姊李開菁，當時又矮又瘦又黑，我卻給她起名「擎天柱白高飛（肥）」，配詩是「人人都向她低頭，只是因為她太高，眼睛也是十分好，是否投進了這個球？」在這首嘲笑她太矮、籃球打得不好的歪詩旁邊，我還配上了「白高飛」的圖片：一個又矮又瘦又醜的小人，拿著比她長好幾倍的長矛。

四姊氣得要命，我和偉川卻覺得有趣極了。我們給另一個外甥宇聲畫的是一個穿著古裝、拿著叉子的豬八戒形象，對他我們也有詳細的描述：「得其母遺傳，體重三千斤。得其父遺傳，沒有好腦筋。」當然，我也沒忘了自嘲，書裡有句話：「你要記住啊，愈吃就愈胖，愈胖就愈不動，愈不動胃就愈大，胃愈大就愈胖。」這是爸爸諷刺我胖的名言。

在這部長達數萬字的小說裡，每個字都是我們親筆書寫，每幅插圖都是親筆繪製，我們還在每頁的右上角標上頁數，做得如同一本真的出版物一樣。在這本「手繪本」的最後，我還寫上幾行字「1972 年 8 月 3 日發行……，翻印者死！」

家裡的每一個人都爭相傳閱這部小說，大家都被裡面的人物逗得哈哈大笑，媽媽也覺得非常了不起，一直珍藏著這本武俠小說。這可能是我兒時最大的「文學成就」了。據說，鄰居們聽了都紛紛跑來借閱這本傳奇，在街坊刮起了一陣風潮。我當時還跟母親開玩笑說：「要不然我們真的賣給他們算啦！」

有一次，我在社交媒體上寫了一篇初中學英語的故事，一位很久沒有聯絡的初中同學留言，講了另一個連我自己都忘的頑皮事蹟。他說：「我記得當時在教會學校，有一次老師要開復教我們講中文，他趁修女老師不注意，教了我們中文各種版本的三字經……。」那次的玩笑大概是開得過火了，我就選擇性地把它給忘了。只是，江山易改，深植在我基因裡的老毛病還真難改。

長大之後雖然稍有收斂，但一有機會，我還是信手拈來一個鬼點子，開個謔而不虐的玩笑，把好朋友戲弄一番，自娛娛人，常有料想不到的效果。

念大學時，我和我的室友拉斯也很愛搞一些惡作劇。對面宿舍一個討厭的室友總是愛財如命，自以為是，並以富家公子自居。他身形巨胖，長得很醜，但是卻認為自己很帥。我和拉斯趁

他睡覺的時候把「kick me（踢我）」的小字條偷偷地貼在他的屁股後面，白天他總是不明就裡地挨踢，一臉的莫名其妙。他視財如命，趁他不在，我和拉斯把他放在床頭的零錢攤了整個屋子，然後用強力膠貼在桌上和整個地面上，他回來以後，大呼小叫地去撿錢，結果，才發現那些硬幣緊緊地貼在地上，他只好用刀子把錢一枚一枚地撬起來。

我和拉斯偷偷躲在暗處，噗哧地憋著不發出聲音，以防笑得太大聲被他發現。後來，這位富家公子到輔導員那裡告狀，但是他只告了拉斯，因為他和輔導員都認為「開復這麼內向溫和的學生，不可能跟著拉斯一起胡鬧。」拉斯也很講義氣，沒有把我招出來。

拉斯很直率，很幽默。我經常嘲笑他「笨得要死，程式設計的速度比老牛拉車還要慢」，他也經常反擊我「永遠找不到女朋友，見到女孩臉就比猴子屁股還紅」。拉斯的電腦作業做得驚人得慢，一般總是拖到最後，還一塌糊塗，然後不得不找我幫忙，我已經習慣了做他程式設計作業的「槍手」。

有一次，他欠了一堆作業沒做，我就故意沒回宿舍，讓他找不到我，他只好急忙跑去實驗室補作業。當他用自己的帳號登錄時，電腦發出了警告：「今晚 11 點，所有機器將例行維修，無法登錄。」這意味著這傢伙必須用短短 3 小時趕完所有作業。對動作慢吞吞的拉斯來講，這已經是一個極大的心理挑戰。可當他寫

好程式，開始編譯的時候，電腦再次跳出對話方塊：「磁片故障，檔案已經遺失。」

拉斯驚慌失措，趕緊重新做了一次，不幸再次發生，電腦示警：「系統故障，所有檔案全部遺失，請打開某某檔案。」他一打開這個檔案，就看到我的留言：「傻瓜，你上當了！這些故障資訊都是我騙你的。你的功課已經幫你做好了，就在你的抽屜裡，回來吧！」拉斯看到這條資訊的時候才知道，我盜用了他的電腦密碼，並策劃了這起讓他哭笑不得的「陰謀」。

有一年，我和拉斯都沒有錢買機票回家過節，就留在學校裡尋找打工的機會。有一天，他從學校食堂搬回來 25 公斤的奶油起司，打算自己做蛋糕。我們計畫做 20 個蛋糕，天天當飯吃，省出假期的飯錢。25 公斤的起司根本沒辦法用普通的攪拌器來攪，我們只好倒進一個大桶裡，每人拿一個棍子使勁攪。蛋糕做好後，我們開始每天吃同樣的乳酪蛋糕，吃到最後，已經到了看都不想看蛋糕、提也不想提「蛋糕」這個詞的地步。

直到 7、8 天後，拉斯突然對我說：「開復，天大的好消息！剩下的蛋糕發黴了！」那天，我們倆坐地鐵到唐人街最便宜、菜量最大的粵菜館，叫了 6 道菜來慶祝蛋糕發黴。

「做蛋糕」這個詞，後來成了只有我們才能聽懂的暗語，就是指做同一樣東西做得太煩了，直到讓我們噁心。比如，「這個程式設計作業就像做蛋糕一樣費勁」「看懂這個程式，比吃蛋糕

用的時間還要長」等等。別人聽得霧裡看花，我們卻能很有默契地擊掌。

有意思的是，拉斯喜歡做蛋糕的習慣保留了下來。每年耶誕節，他都要寄給我一個他親手做的蛋糕，每次都加上糖和蘭姆。但是，耶誕節時他從德國寄出，等我收到的時候，基本上已經到春節了，我們全家誰都不敢吃這個蛋糕。

因此，我發郵件給拉斯，感謝他從德國傳來的祝福，但是讓他不要再寄蛋糕給我了。可拉斯回信說：「這是我的一份心意，我一定要寄。」

2000 年，我從微軟中國研究院調回微軟在西雅圖的總部工作。那一年，由於搬家的工作十分繁重，我忘記了告訴拉斯。結果，拉斯又寄了個蛋糕到我原來的位址，結果，郵政系統查無此人，蛋糕又退回到拉斯的家裡。

拉斯收到蛋糕十分驚訝，他發了封郵件給我說：「你知道嗎，我一直以為，在蛋糕裡加蘭姆和巧克力是一種古老的防腐方法，

笑的感染力超過所有其他感情，人們總會反射式地以微笑回報微笑，開懷大笑更能迅速創造輕鬆的氣氛。

所以，當我今年 5 月收到我去年耶誕節寄給你的蛋糕時，我在想，我終於有機會試試這種防腐的方法是不是管用啦。現在，我很高興地告訴你，開復，我把那個蛋糕吃啦！而且，更大的好消息是，我還活著。」

我對著電腦哈哈大笑起來，馬上回了封郵件說：「很高興你試驗了 5 個月的蛋糕品質過關，你知道嗎，我其實把我們在宿舍做的起司蛋糕留了一塊，1980 年就通過波蘭郵政局寄給你了，不過你們波蘭郵政局效率有問題，所以你可能會在未來幾個月內收到，到時候，你可能品嘗到長達 20 年的蛋糕呢。」

現在回想起來和拉斯在一起惡作劇的青春歲月，是那樣快樂和美好。雖然離開大學後，有著各自的生活軌跡，但現今一切的快樂似乎都無法取代當時那種單純的快樂。

耶魯大學的研究發現，笑的感染力超過所有其他感情，人們總會反射式地以微笑回報微笑，開懷大笑更能迅速創造輕鬆的氣氛。此外，幽默的笑也能促進相互信任，激發靈感。很多同事剛開始都以為我很嚴肅，一起工作久了，逐漸發現我是個很愛開玩笑的人，就常常跟我分享生活的點滴。

有一次開員工大會之前，一個年輕男同事跟我抱怨：「太太生小孩後，當爸爸的就很辛苦。」我安慰他說：「沒問題，我可以幫大家想辦法逃避勞動。」他興奮地湊過來想聽聽我有什麼「祕方」，我故作神祕地說：「最大的祕訣就是要讓太太給孩子餵母

乳，這樣你就可以很無辜地說，『我也想夜裡起來幫你餵奶，可是我愛莫能助啊！』」

我在創辦微軟中國研究院的第一天起，就希望為研究院營造一種輕鬆的環境。我不允許員工稱我「李總」或者「李院長」，而是喜歡大家按照美國的習慣，叫我「開復」。研究院所有人之間都是直呼其名，很多人剛開始不太習慣，日子一長，也都慢慢適應了。後來，亞勤私下裡叫我「KFC」，因為我名字的簡寫是KF，我為了「報復」他，就叫他「牙籤」（YQ）。

研究院初創的時候，我們喜歡圍著一個桌子吃午飯，還規定每個人輪流講笑話，講不出來就要受罰。有些女同事講不出來，就掏出手機來翻。

在公司決策方面，我極力宣導依靠大家的集體智慧。最有趣的例子就是我發動大家給會議室取名字。

早期，我們的會議室沒有名稱。我想，為什麼不召集大家一起來想呢？我立即發出一封郵件：「大家都來發揮自己的創意，想想如何給我們的會議室命名，比如，我想了個名字，叫火藥庫！大家覺得怎麼樣？快來參與！」在那封郵件的末尾，我還畫了一張笑臉。我覺得在火藥庫裡，大家擦出思想的火花，是一個不賴的比喻。

郵件一發出，很快引起熱議。研究員徐迎慶最先群發了一封郵件：「開復的火藥庫名字不錯，那我們可以用四大發明來命名我

們的會議室，比如火藥庫、司南車、造紙坊、印刷廠。」行政助理鄭薇回應說：「用中國古代哲學家的名字，可以聯想到我們的會議室裡都是奇思妙想！」研究員張高提出：「可不可以用電腦科學家的名字，比如艾倫・圖靈、艾倫・伯利斯，以激勵研究人員在科學的道路上勇於攀登。」

徐彥君建議用「雅典娜」來命名，以示對研究院女同事的敬意，用「羅馬」來命名另一個會議室，因為這是一個最早建立議會制的城市，這象徵著研究院要進行平等的學術交流。關於命名的郵件你來我往，好不熱鬧。

我再次發出郵件說：「我忽然覺得四大發明的名字挺有意思，我自己又想了一個，零和一的概念跟電腦息息相關，可不可以用『Zero Room』來命名一個會議室，不過，我就不知道如何用中文準確表達了，總不能叫『零堂』吧。」

後來研究員陳通賢和孫宏輝多次討論，終於找到了與「Zero Room」對應的翻譯──靈感屋。此外，他們還想了個新名字──算盤室（Abacus Room）。到了投票結束的時間，會議室的名字最終確定，分別是：指南廳、火藥庫、造紙坊、印刷廠、靈感屋和算盤室。現在想來，這是我們集體智慧的結晶，是我們腦力激蕩的結果，也是我們團隊精神的演練。

作為領導者，我相信架子最不值錢，而點子最值錢，我們需要新的公司管理方式，需要用一種更加平等、更加均衡、更富有

創造力的心態來認識、理解和實踐領導藝術。

　　研究院外出開會時有一個團體遊戲——拱豬，並且規定誰輸了，誰就必須鑽桌子。我有橋牌的基礎，因此牌技還算不錯，即便這樣，也有摸一手臭牌的時候，輸了，我也得鑽桌子。

　　我每年的生日，研究院的同事們都會送一些很別緻的禮物。一次，我走進辦公室，看見小小的房間裡堆滿了各種顏色的氣球，桌上放著他們送我的禮物——一隻很醜很可愛的黑猩猩，猩猩旁邊有一張紙條，上面寫著：「按我的肚子，我就會說話。」我按了一下，聽到的是他們的祝福，當然，還夾帶著一些嘲笑我的話。有時候，他們還會惡作劇地給我做一條斜肩的緞帶，上面寫著字，然後逼我戴上照相留念。現在回憶起來，那是一段大家在一起互相開玩笑的快樂時光，總是讓我覺得溫暖。

　　我的頑劣童真性格在我當了父親有了兩個女兒之後，依舊沒有改變。我還帶著她們打惡作劇電話、拍搞笑照片。德亭就曾經用半是開心、半是得意的口吻跟我說：「爸爸，你大概是全世界唯

作為領導者，我相信架子最不值錢，而點子最值錢，我們需要用更加平等、均衡、富有創造力的心態來理解和實踐領導藝術。

一一個會帶著小孩打惡作劇電話的爸爸！」但跟家人玩笑開多了，難免會自食其果。

在我化療結束，確定癌細胞已清除乾淨，要抽取幹細胞做冷凍培養的前一天，由於要先在腹股溝置入導管，以備連結血液分離機和蒐集周邊幹細胞，二姊、姊夫以及先鈴在病房外的客廳等候，局部麻醉後的我則躺在病床上昏睡。模模糊糊間，我大概是感覺到了不對勁，忽然睜眼一看，發現身上紅紅的一大片，全是血。我立刻驚聲尖叫：「噴血了、噴血了！你們快來啊！」

沒想到，沒有一個人理我，外面反而傳來陣陣笑聲，他們一點也不像病人家屬。我的血繼續汨汨地往外流，褲子和床單都被血浸透了。我用手拚命想按壓傷口，叫喊得更大聲，也更淒厲：「求求你們，真的噴血了！」

只聽見先鈴朗聲說道：「二姊，我們別理他！他整天瞎搞惡整，一定又是在那裡搞惡作劇！」「真的啦！拜託，這回是真的啦！」我又氣又急，簡直快要哭出來了。大概是我的聲音裡真的傳出了幾分恐懼，他們 3 個齊齊出現在我面前，先鈴一看我滿身的血，大驚失色，趕忙跑出病房去找人幫忙。二姊和姊夫也慌張地一個去抽衛生紙，一個趕快拿毛巾。

醫護人員很快趕來了，我的緊張和恐懼感隨即鬆懈下來，趁醫護人員還沒動手清理，我跟先鈴說：「趕快幫我拍照！」先鈴瞪了我一眼：「拜託！什麼時候了，還拍照啊！」不容分說，醫護人

員七手八腳地解開我身上的紗布墊，把剛剛裝上的導管拆下重裝，那個重要的歷史鏡頭就這樣錯過了。

遺憾啊！忙亂一陣，最後只剩一位值班護理師在處理善後。值班護理師一邊忙一邊問：「聽說剛剛李先生叫了半天，也沒人理他？」

「是啊！他們好狠哦！只管自己聊天，不管我的死活！」先告狀先贏，我趕快把話搶過來。

「誰叫他平時愛開玩笑！」二姊趁機修理我，「放羊的孩子，最後吃虧了吧！」

「就會嚇人！誰曉得你是真的還是假的！」先鈴也白了我一眼。

我的一場災難，反而讓他們有機會翻出我的一堆舊賬，真是天何言哉！天何言哉！不過，既然他們扯開來抱怨了，就讓他們抱怨到底吧！反正我也不否認，我從小就是愛捉弄人的搗蛋鬼，這場災難，算是我自食惡果，真怨不得他們。

經過一場跟疾病的搏鬥，我更確定，幽默感是我手上最鋒利的寶劍。我會把它當成我的貼身護衛，用賞玩的姿態面對所有挑戰。

　　不管怎麼說，我自己知道，當我在病床上還能夠不忘開玩笑、找樂子，我的病就已經好了一大半；至少這意味著從前那個充滿幽默感、愛玩愛鬧的我已經回來了。

　　2015 年，我接受了陳文茜小姐的訪談，事後她這樣形容我：「李開復人生態度裡仍隱含著頑劣童真與經過病痛洗禮之後雍然自若的風度。」比起電腦伺服器，她算是一針見血地看到了我的真實面目。而且，經過這麼一場跟疾病的搏鬥，我更確定，幽默感是我手上最鋒利的寶劍。

　　未來，我大概會把它當成我的貼身護衛吧！這表示我將用賞玩的姿態面對所有挑戰。當世間的一切都可以當作我們在人生遊樂場上選擇的一場遊戲時，那我就肯定會開開心心地一路玩到底。

Letter 12

## 談生命價值　挖掘獨特本質，當有價值的人

不論何時何地，不論處境如何，我都會激勵自己不斷地創造自己的價
值。於是，當我一帆風順時，我會盡心盡力追隨我內心的聲音，幫助
年輕人圓夢，為社會創造出更大的價值；當我因為生病不得不暫停工
作時，我也會聽從身體的呼喚，放慢腳步、鬆開雙手，悠然見南山，
自在且自覺地看生命將會把我帶往何處。

寄件人：李開復　▼

　　很多同學問我，生命的價值是什麼？人是唯一會尋找意義的動物，青少年時期是脫離依賴、邁向成人的階段，你們摸索自我、思考生命的價值是有必要的。孔子說過：「思而不學則殆。」如果一直想這個問題，但是不去努力實踐也是危險的。關於生命的價值是什麼，我其實不能幫你回答，因為每個人對生命價值的理解是不一樣的，這個答案需要你自己去尋找。在找到意義之前，意義就在於尋找意義的過程。

　　關於生命價值的理解是多樣的，我有個朋友認為人活著是為了幸福，他覺得只要你幸福了，那你就是一個充實的人、活得有意義的人，畢竟在現實生活中，注定只能有少數幸運的人擁有權力、地位、財富、鮮花和掌聲。但是，這並不意味著只有他們才能夠品嘗到幸福。事實上，他們之中有相當一部分人過得算不上幸福，每個普通人都有權利、也能夠擁有自己的幸福。

　　我的另一個朋友，他小時候便立志為改變人類而努力。結果，他發現自己沒有能力做到，就轉而為改變自己的國家而努力。但他仍然沒有做到，就又改成為自己的城市、為自己的社區、為自己的家庭謀求改變，直到為改變為自己而努力。他才認識到，只有從改變自己入手，才能改變家庭，進而改變社區、城市、國家，乃至改變整個人類。

　　努力使自己生活幸福，然後努力感染周圍的人，使他們也都感到幸福。這是每個人都可以做的，也是世界上最偉大、最可貴

的事情。

我還有一個朋友認為生命的價值是讓家人快樂；也有朋友希望打造中國立足世界的國際品牌；我的母親認為人生的目標是讓7個子女都成為良好的世界公民；我的父親的理想是為歷史留下真實的紀錄……，每個人認為的生命的價值是不一樣的。

我認為的生命的價值是「最大化我的影響力」。我希望當我離開這個世界的時候，世界因為有我而更好。如果兩個世界中一個有我，另一個沒有我，那麼我希望有我的那個世界能夠變得更好，這就是我找到生命價值後的感想。

有同學會認為影響力代表的是個人的勢力或權力，或要做驚天動地的事情。其實，我所說的影響力與勢力或權力毫無關係，只要人的一生對這個世界有些許貢獻，就對這個世界產生了影響力。人生在世，如白駒過隙，轉瞬即逝，每個人都不想虛度此生，如果在即將離開這個世界的時候，回首往事，心裡能夠有一種世界因我而更美好的欣慰和自豪，人生就具有了足夠的影響

> 如果兩個世界中一個有我，另一個沒有我，我希望有我的那個世界能夠變得更好，這就是我找到生命價值後的感想。

力，就是一個有價值的人。

在我選擇博士研究方向的時候，我們的院長海博曼問我讀博士的目的是什麼。我想都沒想，脫口而出：「就是在某一個領域做出重要的成果。」但是海博曼教授否定了我，他告訴我：「讀博士，就是，畢業的時候交出一篇世界一流的畢業論文，成為這個領域裡世界首屈一指的專家。任何人提到這個領域的時候，都會想起你的名字。」

海博曼教授「做世界某個領域的一流」的觀點，讓我十分震驚，我從未奢望在 20 多歲時走到某個領域的頂峰，但是這種「要做就要做到最好」的激勵，我始終銘記在內心深處。海博曼教授告訴我從卡內基美隆大學要帶走的不僅是一份改變世界、頂尖的博士論文，還有分析和獨立思考的能力、研究和發現真理的經驗，還有科學家的胸懷。當你某一天不再研究這個領域的時候，你依然能在任何一個新的領域做到最好。

他的一番話引起了我深深的思索，也再一次印證了「沉澱下來的才是教育」這句話的意義。學習成績只是一種表象的結果，而學習能力才是伴隨一生的能力。

後來，我博士的研究課題語音辨識取得了突破性的進展，我帶著我的成果受邀到紐約參加一年一度的世界語音會議，在會議上發表了我的學術成果，我的成果撼動了整個學術領域。這是電腦領域裡最頂尖的科學成果了，語音辨識率大幅度提高，讓全世

界的語音研究領域閃爍出一道希望的光芒。會後，《紐約時報》科技版首頁用了整個半版報導了這次成果。後來，《商業週刊》把我的發明選為「1988 年最重要的科學發明」。

年僅 26 歲初出茅廬的我，第一次亮相就獲得這樣的成功，讓我感到很幸運，也讓我有了繼續向科技高峰攀爬的動力。

1988 年 4 月，我拿到了卡內基美隆大學的電腦博士學位，這離我 1983 年入學只有 4 年半的時間。在卡內基美隆的電腦學院，同學們平均 6 年以上才能拿到博士學位，我用這麼短的時間拿到博士學位，又是一項新的紀錄。

後來，我放棄了卡內基美隆大學終身教授的鐵飯碗加入蘋果公司，除了做產品是我內心真正想做的事之外，我還有一點考慮是覺得蹲在研究室裡寫論文不能最大化影響力。

很多年後，經常有記者朋友問起我在蘋果公司工作的感受，我想，這 6 年時光對於我來說彌足珍貴，作為我工作過的第一家商業性公司，蘋果給了我足夠的空間與很好的機遇去學習和成長。也是在蘋果，我完成了從研究到產品的轉型，我深深感受到了「用戶第一」的重要性。

蘋果做產品都力求完美，比如說，一個特殊的退出光碟（eject disk）功能，為了讓用戶易用，蘋果下足了功夫，這種對完美的追求牢牢抓住了用戶。在蘋果，我看到那些蘋果鐵粉們是那麼愛他們的產品，就算是在蘋果走下坡的時候，他們依然付出

超額的代價購買性價比並不高的蘋果產品。這對我之後從事高科技產品的研發工作，有著深深的影響和啟發。

我後來加入微軟回到北京創辦微軟中國研究院，帶領一批研發人員進行最先進的技術探索，在最前端的科技中暢遊，可以影響更多的人，確實是令我激動的夢想。那時的我，全身充滿熱情，我寫了 7 封給年輕人的信，出版了 5 本書，發過 1 萬多條微博，舉行了 500 場演講……，一切都是為了給年輕人帶來正面的影響。

後來我加入 Google，是為了學會如何打造頂尖的網路產品；離開 Google 創辦創新工場，則是希望用我的專長來幫助年輕人，做出可以產生實際效益的產品……。

每項職業成就都為我內心的火苗添加了更多燃料，它們推動我更努力地工作，我甚至向成千上萬的中國年輕人推廣這種生活方式。我寫下了《做最好的自己》《世界因你不同》等暢銷書，到全國各大高校做勵志演講。

中國在經歷了幾個世紀的貧困後，以世界大國的姿態開始復興，我鼓勵同學們抓住時機，在歷史上留下自己的痕跡。在講座的最後，我總會展示一張醒目的圖片總結我的墓誌銘。我告訴他們，找到自己使命感最好的方法，就是想想自己死後墓碑上會寫什麼內容。當時我的使命很明確，所以我已經為自己準備好了我的墓誌銘：

李開復長眠於此，

他是科學家、企業家，

經過在多家頂尖科技公司的努力工作，

他使複雜的技術

變成人人可用、

人人受益的產品。

這段墓誌銘成為演講的精妙結尾，激起了全國各地年輕人的雄心壯志，也令我感覺非常良好。我很享受成為成千上萬名學生的「人生導師」，我相信轉型做「導師」能證明自己的無私，更好地表現我樂於助人的一面。離開 Google、建立創新工場後，我開始花更多的時間指導年輕人。我利用粉絲眾多的新浪微博直接與同學互動，向他們提供指導，並撰寫一些公開信。

儘管我仍是知名風險投資基金的創始人，但同學們都稱我為「開復老師」，這個稱呼飽含敬意也讓人感到親切。我在中國高校的演講中一直保留著展示墓誌銘的環節，只是成為「開復老師」後，我修改了墓誌銘的內容：

李開復長眠於此，

他是熱心的教育家，

在中國崛起的時代，

他通過寫作、互聯網和演講
幫助了許多年輕學子，
他們親切地稱呼他「開復老師」。

對台下認真的年輕聽眾說這些話，我真的很開心。我覺得這樣的墓誌銘會是更好的結語，代表了我的影響力，也顯示出我隨著年齡增長的智慧。

從科學家做到工程師，又從高階主管做到導師，這個過程中我力圖將我在世界上的影響力最大化。我始終奮鬥不懈，在人生的路上，學到了很多，也得到了很多，但顯然我學得還不夠，生命還想教我更多的功課。

在我 52 歲生日前不久，我在一次體檢中被查出肚子裡有數十顆腫瘤，經過反覆檢查，我被醫生宣判得了第 4 期淋巴癌。在毫無防備的情況下，我突然戰慄地感受到死神和自己離得那麼近；身體在我多年對它的摧殘之後，發出最嚴正的抗議，要我正視它的存在。我無數次問命運，我自問沒有做過虧心事，為什麼這樣的事要發生在我的身上。我氣餒、懊悔、內疚，但是，治療過程中發生了一件具有轉折意義的事件。

我遇到了一個好醫生。我的主治醫生唐季祿給我打氣：「淋巴癌第 4 期真的沒那麼嚴重，它跟肝癌、肺癌第 4 期是不太一樣的。」他告訴我，網路上有兩篇專門討論「濾泡性淋巴癌存活率

的預估方式」的論文，如果我有興趣，可以找出來看看。我認真地研究了唐醫生推薦的那些學術文章，發現淋巴癌的分期方式已經有 40 多年了，可以說過時且不精準了。

如果說只看標準的分類，我因為腫瘤數太多，所以必須歸類為第 4 期。但是只看腫瘤數量是最準確的嗎？根據我研究的那幾篇論文，答案是——不！其實分期的目的就是預測存活機率和時間。那麼，最準確的預測方法就是尋找和我病情足夠相似的人，根據他們的不同因素，如年齡、症狀、血液指數、腫瘤數量及大小等 20 多種，和他們的實際存活結果來理解哪些因素最重要，並且把這些因素整合起來。這樣的研究肯定要比 40 多年前的粗分類來得準！

自己研究病情，就像是自己坐在副駕駛座上，可以隨時掌握路況。醫生的治病策略、用藥思維，你至少不會感到茫然無知。於是我拿出以前做學術的精神，把全部 20 幾個特徵與我的檢查結果相對照，發現我雖然屬於第 4 期，但整體狀況沒那麼悲觀。2009 年義大利摩德納大學（University of Modena）的論文非常明確地證明，與濾泡性淋巴癌真正相關的重要因素為以下幾點：

1. $\beta 2$ - 微球蛋白（$\beta 2$ -microglobulin）過高
2. 有大於 6 釐米的腫瘤
3. 侵入骨髓

4. 血紅蛋白（hemoglobin）過低

5. 病人超過 60 歲

　　原來醫學上對所有淋巴癌的分期方式，至少對我的病情來說是不正確的，我的情況是較輕的。於是，我突然從「第 4 期癌症頂多幾個月」，變成「至少還有好幾年」可以活。倘若好好照顧自己，更有可能終身不再復發！這個發現有如一線曙光，從此之後，癌症所帶來的一切負面影響，就開始悄悄起了變化，或者說，至少它在我的心裡不再是一個萬惡不赦、去之而後快的敵人，而是我之所以成為我的一個重要組成部分。

　　從那一夜起，我彷彿吃了定心丸，放下恐懼，打算穩妥地接受一切治療。因為，我相信自己一定可以從絕境中重生！

　　在經歷非常痛苦和難熬的治療時，我感受到妻子、親人對我無微不至的愛。我的頭腦終於可以保持清醒，從最初質問生命為什麼會讓這樣的事發生在我身上，到感恩這場疾病帶給了我一份神聖的禮物。我過去在自己事業發展的道路上飛馳，這場疾病正好可以讓我停下來思考生命的價值。

　　以前我活得太努力，孜孜不倦、不敢有絲毫懈怠，這場大病讓我明白，生命最重要的成就，其實是把自己內在獨特的本質開發出來，我們應該花更多時間，挖掘自己內心深處真正想要成為什麼樣的人，做什麼樣的事情。否則，努力爭取出人頭地、唯恐

落後、追逐名利的欲望就會像一頭野獸一樣，霸占我們的靈魂。

我曾經在和大學生的對話中提到：「一個辛勤的農民終其一生留下一畝良田，他一生過得平淡無奇，卻實實在在。一個好老師，愛學生如己出，他不一定出名，卻可能成為很好的典範……，這個世界的進步，包含了多少沒沒無聞的市井小民不求回報的付出。只要一個人的一生發揮出了自己的光和熱，無論是老師幫助學生，醫生、護理師幫助病人，還是清潔工維護環境整潔，都是一種貢獻；只要一個人曾經幫助過別人，無論是拯救一個人的生命，還是為他人帶來歡笑，都是一種幫助。」

帶著這樣的信念，我想，不論何時何地，不論處境如何，我都會激勵自己不斷地創造自己的價值。於是，當我一帆風順時，我會盡心盡力追隨我內心的聲音，幫助年輕人圓夢，為社會創造出更大的價值；當我因為生病不得不暫停工作時，我也會聽從身體的呼喚，放慢腳步、鬆開雙手，悠然見南山，自在且自覺地看生命將會把我帶往何處。

> 只要一個人曾經幫助過別人，無論是拯救一個人的生命，還是為他人帶來歡笑，都是一種幫助。

附 錄

# 工程師的人工智慧銀河系漫遊指南

—— 李開復哥倫比亞大學畢業典禮演講

2017 屆的畢業生們，感謝你們邀請我參與如此盛大的畢業典禮。很榮幸能借此重返我的母校哥倫比亞大學，在一群這麼優秀的畢業生、各位的家長、兄弟姊妹及各方嘉賓齊聚的重要場合發表演講，共享這場畢業盛會的喜悅。

首先，我想對全體畢業生說，我為你們倍感驕傲，祝賀你們學業有成！各位的家人也為你們而驕傲，今天所有的歡呼和掌聲屬於你們！

34 年前，我就坐在你們現在的座位上，那是我人生中最美好的時光。在大學時代，我找到了一生所追尋的專業領域——人工智慧，也找到了一生中的最大愛好——橋牌。那時我每週打 30 個小時橋牌，但直到現在，哥倫比亞大學也沒給我頒發橋牌學位。在哥大我還找到了自己的初戀，很幸運，她後來成為我的畢生摯愛。當年，在我的畢業典禮上，我有幸聆聽了科幻小說巨匠以撒·艾西莫夫（Isaac Asimov）的致辭。

很抱歉，今天你們只能聽我演講。

不管怎樣，我在哥倫比亞大學度過了人生最美好的時光。你

們也許會覺得，我或其他畢業演講者都會說「這些年也是你們人生中最美好的時光」，而我並不打算這麼說。

我知道這些年遠非你們的人生巔峰，因為最精采的日子尚未到來。與其寄語今朝，不如展望未來：我相信，未來 10 年才會是你們最好的人生。

為什麼是10年？10年聽起來有些遙遠，但其實並非如此。如果我們一起回顧2007年5月的光景，你會猛然發現過去這10年內，我們的世界已經發生了巨大的改變。

大家一定還記得 2007 年，賈伯斯發布了 iPhone 手機吧？那時，我還在使用黑莓手機，我的太太依然用她的 Nokia 手機。

也是在 2007 年，年輕的參議員歐巴馬決定競選美國總統；而那時的川普經常喊的是「你被解雇了」，而不是「讓美國再度偉大」。

所以，10 年時間足以使人類生活發生重大改變。我認為，未來 10 年將會比過去 10 年更讓我們瞠目結舌。因為未來 10 年是人工智慧的時代，是 AI 來臨的時代。

作為工程學院的學生，你們應該發現人工智慧課程的選課人數從 80 人躍升至 800 人，這一指標清晰地告訴我們，人工智慧正在蓬勃興起。

1980 年，我在哥倫比亞大學初識人工智慧。37 年來，我一直在人工智慧領域從事研究、開發、投資相關的工作。我可以相

對自信地預測，未來的人工智慧革命在規模上將與工業革命旗鼓相當，甚至有可能帶來遠比工業革命更快速、更巨大的變革。

我在申請博士時的個人陳述信中寫道：「人工智慧是對人類學習過程的闡釋，人類思維過程的量化，人類行為的澄清，以及對人的智力的理解。」

我所說的不是未來學家關於人工智慧不切實際的預測，這是一場工程師與工程師的對話。身為工程師，我們了解人工智慧如何運作，隨著資料和使用量的增加，人工智慧會如何反覆運算精進，我們也清楚，如何合理估算人工智慧在未來 10 年會帶來的影響。

首先，我們來看看今天的人工智慧可以做到什麼。

今天，我投資的一家人工智慧影像處理公司可以利用他們的產品技術，讓每個人的自拍變得更加漂亮。這家公司的產品已經成為了一種流行風尚，我認識的每個中國電影明星，都絕不會允許自己的照片未經該產品美化就輕易發布。這個產品的使用者基數有多大？13 億！

今天，我投資的一家人工智慧信貸公司能夠在數秒內完成每筆貸款審核，其壞賬率遠低於一名信貸人員需要數日才能審核完的傳統繁瑣貸款申請。這家公司成立不到 2 年時間，今年預估就能發放約 3 千萬筆貸款，幾乎超過任何一家我所知道的傳統銀行。

今天，我投資的一家人工智慧人臉識別公司，他們的產品能

夠在 300 萬張人臉中識別出任意一張面孔，精準度遠超人類。如果將這款軟體安裝到世界各地的機場，基本上就能阻止已知的恐怖分子或通緝犯登上任何一架民航客機。

以上 3 家人工智慧公司目前的總估值接近 100 億美元，這個數值與未來 10 年人工智慧即將創造出的巨大產業價值相比，只能算是些零頭小錢。

未來 10 年，所有的金融企業都將發生天翻地覆的變化，因為人工智慧將取代交易員、銀行職員、會計師、分析師和保險經紀人。去年，我嘗試採用智慧投資演算法獲得了比我的私人理財顧問高 8 倍的收益——這提醒我，回家後就可以把這位私人理財顧問給辭退了。

未來 10 年，人工智慧將替代大多數工廠工人、助理、顧問和仲介。但人工智慧也不局限於簡單工作，人工智慧還會替代部分新聞記者、醫生和教師。你的人工智慧助理將比你更了解你今晚想吃什麼，你該去哪裡渡假，你想跟誰約會。

還有更多，10 年後機械化的人工智慧將會變得穩定可靠。人工智慧運用在自動駕駛方面將比人類駕駛更加安全。今天還比較初級的家用 Roomba 掃地機器人，未來會讓我們刮目相看：機器人將學會做飯、洗衣服、清潔，幫助人類分擔所有繁重的家務勞動。

10 年後，我們將進入一個富足的豐產時代，因為人工智慧可

以為人類創造巨大的價值，幫助我們消除貧窮和飢餓。我們每個人也將獲得更多的時間和自由，來做我們愛做的事情。

10 年後，我們也將進入一個焦慮的迷惘時代，因為人工智慧將取代人類一半的工作，很多人將因為失業、得不到自我實現而陷入沮喪。到那時，你們當中很多人將成為家長，也必然會考慮該如何提升孩子們的教育，才能避免他們被人工智慧取代。

以上預測並不是基於人類神經元數量與機器模擬的神經元數量之間的簡單對比，相反，我的預測是一個工程師根據現有演算法、市場供需情況、勞動力資訊等方面所演繹出來的推論。

在創新工場，我們已經募集超過 10 億美元的資金用於投資人工智慧，日本軟銀更是啟動了 1000 億美元的願景基金。發展超過 4、50 年的 IBM、微軟，近代的 Google、Facebook 等科技巨頭，都相繼宣布自己是人工智慧公司。就算你懷疑我的預言，你大概不好懷疑這些科技巨頭。

所以，對於你們這些站在科技前端、絕頂聰明的工程師而言，2027 年將成為你們人生的巔峰。萬一你不慎錯過了這場人工智慧革命，未來 10 年也可能落入你人生最低谷的慘況。

那麼，如何才能不錯過人工智慧時代，確保你向人生巔峰而行呢？我提出以下 3 個建議：

## 1. 擁抱必將到來的人工智慧

把你的職業選擇對準人工智慧跑道，面對所有的重大變革與機遇，你們首先需要用開放的心態來迎接人工智慧。對變革有所畏懼絕對正常，正如馬克・吐溫所說：「勇氣來自抵抗恐懼並戰勝恐懼，而不是來自沒有恐懼。」

你們過往的努力可以幫助你們坦然面對、欣然接納或熱情擁抱未來的改變——這些改變將推動你找到新的人生方向。

面對未來，你們必需要選擇熱情擁抱人工智慧。即便你所在領域的第一個人工智慧工具看上去是那麼脆弱不堪，相信我，只要有更多的資料，它們很快就能進步。

剛才我提到的 3 家軟體公司，他們的第一代產品確實狀況百出，自拍美化功能反而把好多人的臉蛋給變醜了，貸款判斷不準也曾造成數百萬元的損失，圖像辨識我的臉，居然把我誤判為某脫口秀主持人。但假以時日，當人工智慧處理愈來愈多的資料後，人工智慧的自我學習能力，就能讓這些產品在特定領域的能力遠遠超越人類。人工智慧演算法還不只是超過人類這麼簡單，它們不會疲倦、不會抱怨、不會罷工，人工智慧還具有無窮的規模化潛力。

況且，伴隨著硬體、軟體和網路頻寬成本下降，人工智慧的成本幾乎就是電費了。所以，不管你選擇什麼工作領域，首先要使用人工智慧工具。如果你是軟體工程師，你可以用人工智慧工

具來檢查和改善程式碼，找到可複用的程式碼，甚至用 AI 來寫程式碼。組建團隊時，用人工智慧工具來招聘和挑選人才。如果你準備創業，可以用人工智慧工具來管理訂單並優化獲利，也可以用人工智慧工具來替代客服和銷售人員。你可以用機器人來製造產品，使用自動駕駛車輛來配送商品。

人類與人工智慧協作的結果是「1 + 1 = 3」。舉例來說，如果一個醫生能正確診斷癌症，並能在 100 個患者中拯救 70 個生命，而一個早期人工智慧工具可以在 100 個患者中拯救 60 個生命。將醫生與人工智慧結合後，也許他們就能拯救 80 個生命。而且，當人工智慧工具優化到能夠拯救 80 個生命時，將人工智慧與醫生結合，或許就能夠拯救 90 個生命。

所以，不要被動地接受人工智慧，而應積極地擁抱人工智慧，探索人工智慧的可能，找到人工智慧為你創造價值的所有可行性。

你們要學會使用人工智慧，更快、更聰明地構建人類與人工智慧間的協作關係。你們會像第一個使用文書處理軟體的記者，或第一個使用試算表軟體的會計師，或第一個使用 Photoshop 影像處理軟體的攝影師一樣，獲得巨大的收益。此外，與傳統軟體工具相比，人工智慧的演化速度快得多，應用範圍廣得多，只有作為積極擁抱的引領者，你在人工智慧工具的領先地位才得以鞏固並增長。

## 2. 肩負起工程師的使命

眾所周知，數百上千年以來，醫生們遵循著希波克拉底誓言，承擔著救死扶傷的神聖使命。在人工智慧時代，我認為工程師的使命同樣神聖，甚至更加沉重。

為什麼這樣說？因為在人工智慧時代，作為畢業於頂級學府的頂尖工程師，你們擁有巨大的權力。請不要忘記世界上最偉大的「哲學家」蜘蛛人的那句名言：「權力愈大，責任愈重。」

在人工智慧時代，自動或半自動的演算法可以負責投資決策、照看兒童、駕駛汽車、完成醫療手術。未來的人工智慧產品將直接影響人們的財產、健康甚至生命，而你們就是這些產品的設計者、製造者。

作為工程師，我們不能背棄我們的道德和責任，我們需要在方方面面都做到嚴謹、勤勉、遵守道德。這不僅僅指架構和編碼，還包含設計、測試、訓練機器學習模型以及下載更新的參數等等。

第一代安全氣囊拯救了許多人的生命，但同時由於設計和使用說明不完善，沒有充分考慮到兒童嬌小的體形，也意外地導致了一些兒童的死亡。

所以你們的首要使命是對你們的用戶負責，確保你們的產品安全、周密、有用。應該說不僅僅是產品安全，你們還有絕對的責任去預見和防止潛在的技術失控對人類帶來的威脅。所以請大

聲地對「自動殺人機器」以及「使用者隱私資料交易」說不！

　　你們的第二層使命是對自己負責，在人工智慧時代，你不僅僅是與其他人競爭，你還在和人工智慧競爭。你有責任優先解決疑難問題，而不是把你的時間浪費在機器就能勝任的事務上。不要選擇一份對你毫無挑戰性的工作，無論在哪個領域，你都勇於冒險、勤於學習。只有這樣，你才能成為最獨特和最有價值的人類成員。要堅持創新和創造——人工智慧的優勢在於優化，而非從零創新。

　　各位的最後一項使命是作為工程師，用你們的選擇讓這個世界更加美好：選擇拯救生命，而非殘害生命；選擇激勵他人，而非打壓別人；選擇在富有同情心、不貪婪的機構工作；選擇心懷世界和平，而非妄圖主宰世界的雇主。

## 3. 追隨我心

　　談了這麼多嚴肅的技術話題，我接下來要說的觀點可能在這兒聽起來有些不恰當，但卻是我的肺腑之言。

　　在我 52 歲時，我被診斷患上淋巴癌第 4 期，當時我面對的無情事實是：我的生命可能就只剩下短短幾個月。

　　在那段前途未卜的時期，我對生命的意義深思良多。我意識到我所有的成就，包括在等待 30 多年後終於來到的人工智慧時代，對我來說其實毫無意義。

　　我意識到我過去所追求的科技、產品、投資、事業，我重視的各種事情的優先順序完全本末倒置。我忽視了我的家庭，我父親去世了，我母親已幾乎不認得我，我的孩子們也不知不覺都長大了。

　　在治療期間，我讀了布朗妮·維爾的一本書，書中記錄了臨終病人一生中最後悔的事情。作者提到，沒有一個人會為當年不夠認真工作、不夠努力加班、財產積攢不足而後悔，人們臨終時最最盼望的，是希望能再有機會花更多時間與自己所愛的人在一起。

　　幸運的是，目前我的病情已緩解穩定，所以今天我才能來到哥大和你們在一起。如今，我會花更多的時間陪伴家人，我把家搬到了離我母親更近的住處。無論是出差還是單純出遊，我都會盡量和我的妻子一起出行。孩子們回家時，我會從工作中抽出2、3週而不僅是2、3天的時間來陪伴她們。

　　我同時還花更多的時間來認識新朋友，我會用週末時間與好朋友出遊，我帶領公司員工去矽谷渡了一週的假期——矽谷對他們來說猶如聖地一般，我約見社群平台上向我提問的年輕人，我聯繫多年前我曾經冒犯過的人，請求他們的諒解。我寫了一本書並拍攝紀錄片，分享我與死神擦肩而過所學到的一切。

　　這段直接面臨死亡的經歷不僅改變了我的人生觀和價值觀，還讓我更清晰地認識到人工智慧對於人類的真正意義。

馬斯克（Elon Musk）和史蒂芬・霍金（Stephen Hawking）已經給出了他們的觀點，他們認為機器將全面取代人類，而人類僅存的選擇是：要麼控制 AI，要麼成為 AI。這段直接面臨死亡的經歷，讓我想對人工智慧的未來提出另一版結局。

毫無疑問，人工智慧憑藉精準的決策和產出，在很多分析型工作上已經或必將超過人類。但人類並不是因為會做這些工作而成為人類，我們之所以為人類，是因為我們擁有愛的能力。

帶著這個信念，我們就會知道接下來該怎麼做。

首先我們應認可並感恩我們被愛的事實，我們可以回饋他人的愛，甚至加入更多的愛。最終達到愛的最高境界：不斷將愛傳遞下去，不求回報地去愛。

回到人工智慧的話題，愛讓人類有別於人工智慧。不要相信科幻電影裡描繪的人工智慧的愛或感情，我可以負責任地告訴你們，人工智慧不會有愛，它們甚至沒有感情和自我意識。AlphaGo 雖然能擊敗人類圍棋冠軍，但是它體會不到手談的樂趣，勝利不會為它帶來愉悅感，也不會讓它激動到產生想要擁抱一位它愛的人的渴望。

在未來，即便人工智慧診療的準確率是人類醫生的 10 倍，但是我們還是不希望從機器冷冰冰的話語裡聽到「您患有第 4 期淋巴癌，有 70% 的機率會在 5 年內死亡」。我們更希望得到醫生的關愛，他們會傾聽我們的抱怨，為我們打氣，他們會說：「李開

復也得了同樣的淋巴癌，但經過治療後穩定下來，所以你也要保持希望。」醫生可能來到家裡定期出診，我們隨時能與醫生溝通交流。這些醫生的關愛會讓我們感到舒坦，給我們更大的信心，這種安慰劑效應的確可能有助於提升康復機率。

此前提到的失業問題，不就這麼緩解了嗎？

這種「關愛型醫生」的數量將超出現有醫生的數量。被機器取代的人可以投身於需要關愛及經驗分享的行業，例如做一名熱情洋溢的導遊、充滿關愛的禮賓人員、風趣幽默的調酒師、極具魅力的壽司大廚等。隨著各類「關愛專家」頭銜的出現，很多新興服務業的工作職位，也將被創造出來。這些工作不一定非要是傳統意義上的工作，也可能是在孤兒院或養老院提供服務的志工工作。

這些工作不但能帶給人們自我實現的自豪感和滿足感，更重要的是，它們能讓我們的地球充滿愛與快樂。

人類已製造出許多以任務為導向的人工智慧，在每個具體任務上它們的表現遠超人腦，這正是我 37 年前的夢想。作為一個電腦科學家，我為我們所取得的科技進步成就而自豪。但我現在覺得，自己也許追逐錯了方向——人類最重要的器官，不是大腦，而是心。

我承認，我花了太長的時間才認識到這一點。

我對你們的期望是，隨著你們的事業開始騰飛，人生開始步

入新的階段，你們在實現人生目標的過程中不僅要利用你們聰慧的大腦，更要遵從你們的內心。

未來的重任落在你們的肩頭。我相信，無論未來如何改變，只要遵從內心的指引，下一個 10 年必將成為你們人生中最輝煌燦爛的 10 年！

感謝你們，2017 屆畢業生。

# 給女兒的一封信

親愛的女兒：

當我們開車駛出哥倫比亞大學的時候，我想寫一封信給你，告訴你盤旋在我腦中的想法。

首先，我想告訴你，我們為你感到特別驕傲。進入哥倫比亞大學證明你是一個全面發展的優秀學生，你的學業、藝術發展和社交技能最近都有卓越的表現，無論是你高中獲得微積分第一名的成績、時尚的設計、繪製的球鞋，還是在「模擬聯合國」的演說，你毫無疑問已經是一個多才多藝的女孩。你的父母為你感到驕傲，你也應該像我們一樣為自己感到自豪。

我會永遠記得第一次將你抱在臂彎那一刻的感覺，一種新鮮激動的感覺瞬間觸動了我的心，那是一種永遠讓我陶醉的感覺，就是那種將我們的一生都聯結在一起的「父女情結」。

我也常常想起我唱著催眠曲輕搖你入睡，當我把你放下的時候，常常覺得既解脫又惋惜，一方面我想，她終於睡著了；另一方面，我又多麼希望自己可以多抱你一會兒。我還記得帶你到運動場，看著你玩得那麼開心，你是那樣可愛，所有的人都非常愛你。

你不但長得可愛，而且是個特別乖巧的孩子。你從不吵鬧、為人著想，既聽話又有禮貌。當你 3 歲我們建房子的時候，每個週末十多個小時你都靜靜地跟著我們去運建築材料，三餐在車上吃著漢堡，唱著兒歌，唱累了就睡覺，一點都不嬌氣不抱怨。你去上週日的中文學習班時，儘管一點也不覺得有趣，卻依然很努力。我們做父母的能有你這樣的女兒，真的感到非常幸運。

你也是個很好的姊姊，雖然你們姊妹以前也會打架，但是長大後，你們真的成為了好朋友。妹妹很愛你，很喜歡逗你笑，她把你當成她的榜樣看待。我們開車離開哥大後，她非常想你，我知道你也很想她。世界上最寶貴的就是家人。和父母一樣，妹妹是你最可以信任的人。隨著年齡的增長，你們姊妹之間的情誼不變，你們互相照應，彼此關心，這就是我最希望見到的事情了。在你的大學 4 年裡，你有空時一定要常常跟妹妹視訊聊聊天，寫寫電子郵件。

大學將是你人生重要的時光，在大學裡你會發現學習的真諦。你以前經常會問到「這個課程有什麼用」，這是個好問題，但是我希望你理解「教育的真諦就是當你忘記一切所學到的東西之後所剩下的東西」。我的意思是，最重要的不是你學到的具體的知識，而是你學習新事物和解決新問題的能力。

這才是大學學習的真正意義——這將是你從被動學習轉向自主學習的階段，之後你會變成一個很好的自學者。所以，即便你

所學的不是生活裡所急需的，也要認真看待大學裡的每一門功課，就算學習的技能你會忘記，學習能力你將受用終身。

不要被教條所束縛，任何問題都沒有唯一的簡單答案。還記得當我幫助你高中的辯論課程時，我總是讓你站在你不認可的那一方來辯論嗎？我這麼做的理由就是希望你能夠理解：看待一個問題不應該非黑即白，而是有很多方法和角度。當你意識到這點的時候，你就會成為一個很好的解決問題者。

這就是批判的思維——你的一生都會需要的最重要思考方式，這也意味著你還需要包容和支援不同於你的其他觀點。我永遠記得我去找我的博士導師提出了一個新論點，他告訴我：「我不同意你，但我支持你。」多年後，我認識到這不僅僅是包容，而是一種批判式思考，更是令人折服的領導風格，現在這也變成了我的一部分。我希望這也能成為你的一部分。

在大學裡你要追隨自己的熱情和興趣，選你感興趣的課程，不要困擾於別人怎麼說或怎麼想。賈伯斯曾經說過，在大學裡你的熱情會創造出很多點，在你隨後的生命中你會把這些點串聯起來。在他著名的史丹佛畢業典禮演講中，他舉了一個很好的例子：他在大學裡修了看似毫無用處的書法，而 10 年後，這成了蘋果 Macintosh 裡漂亮字形檔的基礎，而因為 Macintosh 有這麼好的字形檔，才帶來了桌上排版系統和今天的辦公軟體（如微軟 Office）。

　　他對書法的探索就是一個點，而蘋果 Macintosh 把多個點聯結成了一條線。所以不要太擔心將來你要做什麼工作，也不要太急功近利。如果你喜歡日語或韓語，就去學吧，儘管你的爸爸曾說過那沒什麼用。盡興地選擇你的點吧，要有信念，當有一天機緣來臨時，你會找到自己的人生使命，畫出一條美麗的曲線。

　　在功課上要盡力，但不要給自己太多壓力。你媽媽和我在成績上對你沒什麼要求，只要你能順利畢業並在這 4 年裡學到了些東西，我們就會很高興了。即便你畢業時沒有獲得優異的成績，你的哥倫比亞學位也將帶你走得很遠，所以別給自己壓力。

　　在你高中生活的最後幾個月，因為壓力比較小，大學申請也結束了，你過得很開心。但是在最近的幾個星期，你好像開始緊張起來。你注意到你緊張時會咬指甲嗎？千萬別擔心，最重要的是你在學習，你需要的唯一衡量是你的努力程度。成績只不過是虛榮的人用以吹噓、慵懶的人所恐懼的無聊數字而已，而你既不虛榮也不慵懶。

　　在大學裡你要交一些朋友，快樂生活。大學的朋友往往是生命中最好的朋友，因為在大學裡你和朋友能夠近距離交往。另外，在一塊兒成長，一起獨立，你們很自然地就會緊緊地繫在一起，成為密友。你應該挑選一些真誠的朋友，跟他們親近，別在乎他們的愛好、成績、外表甚至性格。你在高中的最後 2 年已經交到了一些真正的朋友，所以盡可能相信自己的直覺，再交一些

新朋友吧。

你是一個真誠的人，任何人都會喜歡跟你做朋友的，所以要自信、外向、主動一點。如果你喜歡一個人，就告訴她，就算她拒絕了，你也沒有損失什麼。以最大的善意去對人，不要有成見，要寬容。人無完人，只要他們很真誠，就信任他們，對他們友善。他們將給你相同的回報，這是我成功的祕密——我以誠待人，信任他人（除非他們做了失信於我的事）。有人告訴我這樣有時會被別人占便宜，他們是對的，但是我可以告訴你：以誠待人讓我得到的遠遠超過我失去的。

在我做管理的 18 年裡，我學到一件很重要的事——要想得到他人的信任和尊重，只有先去信任和尊重他人。無論是管理、工作、交友，這點都值得你參考。

要和你高中時代的朋友保持聯繫，但是不要用他們來取代大學的友誼，也不要把全部的時間都花在老朋友身上，因為那樣你就會失去交新朋友的機會了。

你還要早點開始規劃你的暑假——你想做什麼？你想待在哪兒？你想學點什麼？你在大學裡學習是否會讓你有新的打算？我覺得你學習藝術設計的計畫很不錯，你應該想好你該去哪兒學習相應的課程。我們當然希望你回到北京，但是最終的決定你自己做。

不管是暑假計畫、功課規劃，抑或是選專業、管理時間，你

都應該負責你的人生。過去不管是申請學校、設計課外活動或者選擇最初的課程，我都從旁幫助了你不少。以後，我仍然會一直站你身旁，但是現在是你自己掌舵的時候了。

我常常記起我生命中那些令人振奮的時刻——決定幼稚園時跳級，決定轉到電腦科學專業，決定離開學術界選擇蘋果，決定回中國，決定選擇 Google，乃至最近選擇創辦我的新公司，有能力進行選擇意味著你會過上自己想要的生活。生命太短暫了，你不能過別人想要你過的生活。掌控自己的生命是很棒的感覺，試試吧，你會愛上它的！

我告訴你媽媽我在寫這封信，問她有什麼想對你說的，她想了想說「讓她好好照顧自己」，很簡單卻飽含真切的關心——這一向是你深愛的媽媽的特點。這短短的一句話，是她想提醒你很多事情，比如要記得自己按時吃藥，好好睡覺，保持健康的飲食，適量運動，不舒服的時候要去看醫生等等。

中國有句古語說「身體髮膚，受之父母，不敢毀傷，孝之始也」。這句話的意思用比較新的方法詮釋就是：父母最愛的就是你，所以照顧好自己就是最好的孝順的方法。當你成為母親的那天，你就會理解這些。在那天之前，聽媽媽的，你一定要好好照顧自己。

大學是你自由時間最多的 4 年；

大學是你第一次學會獨立的 4 年；

大學是可塑性最強的 4 年；

大學是犯錯代價最低的 4 年。

所以，珍惜你的大學時光吧，好好利用你的閒置時間，成為掌握自己命運的獨立思考者，發展自己多元化的才能，大膽地去嘗試，通過不斷的成功和挑戰來學習和成長，成為融匯中西的人才。

當我在 2005 年面對人生最大的挑戰時，你給了我大大的擁抱，還跟我說了一句法語「Bonne Chance」。這句話代表「祝你勇敢，祝你好運」，現在，我也想跟你說同樣的話──Bonne Chance，我的天使和公主，希望在哥倫比亞的 4 年成為你一生中最快樂的 4 年，希望你成為你夢想成為的人！

愛你的，

爸爸（和媽媽）

# 母親給我的 10 件禮物

　　端午節後的一個陰雨天，我在台北市和平醫院的病房裡，陪了母親一整個下午。那時她已經很虛弱了，我當時的奢望就是母親能睜開眼睛，看我們一眼。

　　那天母親並沒有睜開眼睛。傍晚我親吻她的額頭，離開房間後，她說了一句話：「他不回來了。」我很不解：我怎麼會不回來呢？沒想到真的一語成讖，那竟是我和母親的最後一面。

　　雖然媽媽已在醫院數月，大家都知道康復希望不大，但接到媽媽過世的消息時，我還是無法相信。我再也見不到最愛的媽媽，再也不能和她踢球、打牌，再也不能幫她抓癢，再也不能握著她暖暖的手，親她皺皺的臉，問她我叫什麼名字了。

　　母親對我一生的影響，無法用言語描述。對於母親，我充滿感謝、感恩和感動。

　　我用這篇文章感謝母親贈與我的 10 件禮物。這 10 件禮物，塑造了我的性格，建立了我的自信，奠定了我的基礎，教導了我如何做人，如何教育孩子，更留下了我一生最溫馨難忘的回憶。這 10 件禮物，任何一件都足夠改寫我的一生。

## 1. 完整的家庭

母親年輕時的經歷像是一部跌宕起伏的歷險記。12 歲時她隻身從東北流亡到北京，6 年後考進上海東南體育專科學校，南下獨自闖蕩大上海。在體專時，她曾經是全國頂尖的跨欄健將，拿過全國短跑第二。1939 年，和父親相戀一年結婚後，母親隨父親回到四川。

10 年後，父親遠走台灣，母親帶著一兒四女留在四川，獨自一人挑起生活的重擔，獨自撫養 5 個孩子，忍受對親人的思念，承受各種壓力。

1950 年初，堅強的母親決定結束這種分離的生活，她輾轉得到了一張探親的「通行證」。母親帶著一家人，立即搭乘火車從成都到達重慶，經過一個星期的等待，才千辛萬苦地從重慶到達廣州。

這只是千山萬水跋涉的一個插曲。全家到達廣州以後，下一步是要想辦法去「近在眼前，卻遠在天邊」的香港。當時很難找到願意去香港的船隻，更何況是對於拉扯 5 個孩子的母親。因此，母親在到達廣州後，在廣州滯留長達幾個月，好不容易才到達香港，輾轉赴台。

我們這一大家子能在台灣團圓，在當年幾乎是絕無僅有的，之後在台北又添了五姊開敏和我。這一切都要感謝母親堅韌的個性和過人的膽識，讓這充滿愛的家庭能夠延續。這也讓我每每遇

到困難，總會抱著堅定信念放手一搏，因為我的基因裡有一種物質源自母親——堅持。

## 2. 我的生命

50 多年前的 3 月，微風中帶著絲絲春意。但在我家那棟小房子裡，全家人都顯得十分緊張，因為母親在 40 多歲高齡孕育了我，大家都擔心高齡生產不安全。

母親的好朋友勸她：「不要冒險，還是拿掉吧。」

又有人說：「生出來的寶寶可能會身體弱。」

還有人說：「科學界研究過，高齡孕育的寶寶，低能的機率要大一些。」

但是，執拗和冒險的天性這時候在母親的身上再次表現出來。母親堅定地說：「我要這個孩子。」有了母親這句信心十足的話，我終於可以平安地降臨到這個世界上。

1961 年 12 月 3 日，一個嬰兒呱呱墜地。這就是我。

母親後來對我說，她當時就是有一種信念，我會是個非常聰明健康的孩子，她才不顧一切地將我生了下來。

我現在覺得，相對於別的母親給予孩子生命，我的母親孕育我的過程則擁有更多未知和變數，這對母親身體的考驗也更大，這個過程充滿了生命的奇蹟和堅韌的味道。

母親的自信和勇氣給了我最寶貴的禮物——我的生命。

### 3. 最細膩的照顧

母親的一生在我身上付出得最多。她高齡得子，對我視若珍寶。為了養育我、栽培我，她用盡了所有的心思和情感。

比如，她因為高齡生產，奶水不足，為了給我提供足夠的營養，她每天強迫自己喝下好幾碗花生燉豬蹄湯。2 年後，我健康地長大了，她的體形卻再也無法恢復過去那般纖細苗條。

上小學時，我就讀的及人小學離家有 5、6 公里。雖然每天有校車接送，但母親為了讓我每天早晨可以多睡一會兒，她會親自接送我，風雨無阻。每次放學看到母親，我都會高興得飛奔過去，把學校裡發生的大大小小事情與她分享。有一次我告訴她老師病了，沒來上課。第 2 天，細心的母親竟然親自煲了一鍋雞湯送到老師家裡。

母親是個非常棒的廚師，在做飯方面有很多「獨家祕笈」。那時候，我們的經典對話是——

「弟弟，今天晚上吃什麼啊？」

「紅油水餃吧。」

「好啊，那你要吃多少個啊？」

「40 個！」

吃完 40 個餃子後，她會說：「好了好了，別吃了！」

而我總是邊吃邊說：「不嘛，我再吃一口『下桌菜』。」

「下桌菜」因此成為了我們家的「專有名詞」。因為媽媽提

供的無限美味，我的體重總是全班第一。

1972 年開始，母親為了照顧我，每年抽出半年時間到美國陪我念書。母親是社交生活非常活躍的人，在台灣朋友非常多。但是幾十年前的美國沒有這麼多華人，完全不懂英文又不會開車的她到了美國，只能整天待在屋子裡。哥哥、嫂嫂、外甥和我每天出門工作、上學，剩母親一個人在家裡呆坐，沒有人可以說話。

那時候母親唯一的休閒就是看一檔猜價格的節目，猜一罐玉米的價格是多少，一個杯子又是幾塊錢。她其實一句英文都聽不懂，只能憑節目效果判斷誰猜對了，誰猜錯了。有的時候她會說：「這個人長得滿帥的，我希望他贏；這個人看起來眼光不善，我希望他輸。」

我們幾乎無法想像一個人怎麼會在 50 多歲時，跑到一個語言完全不通的國度，放棄朋友圈，放棄每天有人幫傭、不用做家務的生活，過上了每天自己要燒菜的日子，每天唯一的寄託就是兒子放學回來和她說說話。無論承受多少孤獨，母親見到我永遠是笑咪咪的，在我遇到挫折時永遠會鼓勵我。從我 11 歲出國一直到 19 歲，年年如此。

## 4. 快樂和幽默

我從小就是一個特別頑皮的孩子。和許多母親嚴厲管教的做法相反，媽媽不但容忍我的調皮，還能保持童心，成為我的玩

伴，用她獨有的幽默方式化解我的頑劣，引導我成長。

比如，我小時候特別好動，一刻鐘也坐不住，理髮成了大難題。媽媽不會斥責我，強求我乖乖坐著，而是帶著三姊到理髮店，借用店裡的剪刀、刮鬍刀、毛巾，演「木偶戲」給我看。這樣我居然能坐定半個小時，直到把頭髮理完。

在學校上課時，我的話也特別多。有一次，我竟然被忍無可忍的老師用膠帶貼住了嘴。而那時母親正好趕來接我，撞了個正著，好尷尬！

事實上，我的調皮應該遺傳自母親。父親不苟言笑，但母親卻常常和我們打成一片。有一次，哥哥和母親兩個人玩水戰，弄得全家都是水。最後，母親躲在樓上，看到樓下哥哥走過，就把一盆水全倒在他頭上。

我想，只有像母親那樣擁有一顆年輕的心，才會容忍甚至欣賞孩子的調皮、淘氣。我們每個孩子和這樣的母親都沒有什麼距離感。這麼多年來，母親一直和我們打成一片，我們和母親的感情也和別的母子不一樣：她不但是我們的好媽媽，也是我們的好玩伴。

## 5. 勤奮努力

媽媽雖然對我的淘氣行為姑息，但凡事一旦和我的學習、成長、未來相關，母親就會特別重視，會對我提出非常高的要求。

她總是要求我，只要開始做一件事，就一定要做到最好，在這方面，沒有通融的餘地。

母親對我的學習成績抓得很緊：考得好我就會收到禮物，考得不好則會有警告，甚至挨板子打。每逢遇到背書，母親就會親自監督，要求我把書本全部背誦下來，而且要一字不錯，有一處錯了，母親就會揮手把書摔到別的房間，讓我撿回來。有時候，母親還會用竹尺打手心來懲罰我，有一回甚至還把竹尺都給打斷了。

為了每次都能拿到第一名，我有一段時間每天 5 點起床讀書，每次都是母親催我起床。

感謝我的「嚴母」，我成為了一個勤奮的人。

## 6. 自信和自主

小時候，母親總是告訴我：「你應該成功，將來有一天你一定會成功。」

小時候渴望長大。去幼稚園沒多久我就膩了，我跑回家，跟家裡人說：「我不上幼稚園了行不行？我要上小學。」

母親問我：「怎麼了，幼稚園裡不好嗎？」

「太無聊了，整天就是唱歌、吃東西，老師教的東西也太簡單了。」

「你才 5 歲，再讀一年幼稚園就可以讀小學了。」

　　大部分的父母都會認為這是孩子胡鬧，但是母親處理的方法與眾不同。她跟我商量：「下個月私立小學有入學考試。如果你的能力不夠，你就沒法通過入學考試；如果你通過了考試，就表明你有能力，那就讓你去讀小學。」

　　於是我就請母親幫我報名，然後努力學習，努力準備。

　　放榜那天，母親陪我去學校，一下子就看到「李開復」這 3 個字在第一名的位置閃亮。

　　母親激動得像個孩子一樣地叫起來：「哎呀，第一個就是李開復，你考上了！」

　　我也激動地跳起來，抱住母親哇哇大叫。

　　那一刻，母親臉上無法掩飾的興奮和自豪，即便是過了幾十年我也不會忘記。從母親的表情中我才知道，自己一丁點的小成功就可以讓母親那麼地驕傲。同時，這件事也讓我懂得，只要大膽嘗試，積極進取，就有機會得到我期望中的成功。感謝母親給了我機會，去實現我人生中的第一次嘗試和跨越。

　　在中國，父母對孩子的關愛特別深，生怕孩子受一點傷害，不願讓孩子冒險嘗試與眾不同的東西。其實孩子從小就需要獨立性、責任心、選擇能力和判斷力。

　　很慶幸的是，在我 5 歲的時候，我的父母就把選擇權交給了我，讓我成為了自己的主人。

## 7. 謙虛誠信

跳級考入小學後，我不免有些驕傲。每次父母親的朋友來家裡，我都要偷偷告訴他們我有多聰明、多厲害。

「阿姨，我已經讀小學了！」

「真的，你不是才 5 歲嗎？」

「對啊，我跳級考進去的，還是第一名呢！」

「那進去以後的成績呢？」

「除了 100 分，我連 99 分都沒見過呢！」

沒想到，我剛誇下海口，第二個星期考試就得了個 90 分。看到考卷，媽媽二話不說，拿出竹板，就把我打了一頓。

我哭著問：「我的成績還不錯，為什麼要打我？」

「打你是因為你驕傲。你說『連 99 分都沒見過』，那你就給我每次考 100 分看看！」

「我知道錯了，以後我會好好學習的。」

「不止要好好學習，還要改掉驕傲的毛病。自誇是要不得的，謙虛是中國人的美德，懂了嗎？」

「知道了，媽媽還生氣嗎？」

「不生了，要不要躺在我懷裡看書？」

媽媽的氣總是來得快，去得也快。我想，她這麼愛她的孩子，是沒有辦法長時間生孩子們的氣的。當然，這一次的教訓我也會永遠記得——謙虛是中國人的美德。類似的，母親總是能抓

住每一個教育的好時機，讓我懂得做人的道理。

在學校我的功課雖然很好，但偶爾也會出狀況。

有一次，我考得並不好，揣著考卷心裡很害怕，我甚至能看見母親舉起竹板打我的樣子。突然，一個念頭蹦了出來：為什麼不把分數改掉呢？說改就改，我掏出紅筆，小心翼翼地描了幾下，「78」變成了「98」。到了家門口，我又掏出卷子來看了一下，確保萬無一失，才輕手輕腳地走進去。母親注意到我回來了，叫住我：「試卷發下來了嗎？多少分？」

「98。」

母親接過卷子，我心裡撲騰撲騰地跳起來，生怕母親看出了修改的痕跡。但她只是摸了下我的腦袋說：「快去做作業吧。」

這種事情有了第一次，就會有第二次。

當我再次塗改考砸了的成績時，手一哆嗦，分數被我拖了一個長長的尾巴。這下糟了！欺騙了母親，這是她絕對不能容忍的。我心一橫，把試卷扔到了水溝裡。

但回家後，母親並沒有問起分數。提心吊膽了幾天之後，我終於憋不住了，跑到母親面前，向她承認了錯誤。我以為母親會狠狠打我一頓，但母親只說了一句話：「我都知道了，你能知錯認錯就好，希望你以後做個誠實的孩子。」

母親的寬容和教誨直到今天我都記憶猶新。是母親的言傳身教讓我懂得了做人的道理，讓我知道了「謙虛」「誠信」這些詞

為什麼對一個人的一生來說那麼重要。

## 8. 熱愛讀書和打開世界之門

母親堅信我是個最聰明的孩子，所以對我期望最高，管教也最嚴，要求我把每一件事情都做到最好的程度。

知道母親在我身上傾注了大量心血，我也會努力讀書爭取考高分。而母親的獎勵方式也很特別，她用書來獎勵我。只要我想讀，她都給我買。小學時代我就盡情徜徉在書的海洋裡，一年至少要讀 2、3 百本書。我讀了很多中國古典文學，也讀了西方文學名著，我最愛名人傳記。因為母親無條件的支持，我養成了愛讀書的習慣，並且受益終身。

我 10 歲時，遠在美國的大哥回家探親。吃飯時，大哥在跟母親抱怨台灣的教育太嚴了，小孩子們的靈氣愈來愈少。

母親歎了口氣說：「唉，為了高考（大陸用語，等同台灣大學入學考試），我們有什麼辦法呢？」看到我整天被試卷和成績單包圍著，沒有時間出去玩，也沒有朋友，大哥忍不住說：「這樣下去，考上大學身體都壞了，不如跟我到美國去吧。」

母親從沒去過美國，她接受的是中國傳統的教育，但她卻出人意料地保留了一份開明的天性。聽了大哥的建議，母親把手放在我的頭上，對我說：「那你就到那裡試試吧。」

一個那麼愛她的么兒的母親，居然能下決心把孩子送到了當

時遙遠的美國，做第一代「小留學生」，這是要有多麼大的勇氣啊！

多虧了母親的勇氣和開明，我在年少時，就獲得了打開世界之門的鑰匙。

## 9. 對家國的情懷

我在美國的第一年，母親陪讀 6 個月後，家裡人開始催母親回去。母親雖然放心不下我，但還是牽掛著家裡，只好把我託付給哥哥嫂嫂。臨走前幾天，母親一直在叮囑我，回家記得做作業，背英文，聽哥哥嫂嫂的話……，上飛機前，她又鄭重地對我說：「我還要交代你兩件事情，第一件就是不可以娶美國太太。」

「拜託，我才 12 歲。」

「我知道，美國的孩子都很早熟，很早就開始約會，所以要早點告訴你。不是說美國人不好，只是美國人和我們的生活習慣及文化都不一樣。而且，我希望你做個自豪的中國人，也希望你的後代都是自豪的中國人，身體裡流的是百分之百的炎黃子孫的血……。」

「好的，好的。飛機要起飛了。」

母親拉住我的手說：「第二件事是，每個星期寫封信回家。」

沒想到第二件事情這麼簡單，我爽快地答應了。我每週都寫信告訴母親我學習上的進步，母親就一個字一個字地看我的家

書，幫我找出錯別字，在回信中羅列出來。母親的認真勁兒深深地感染了我，每次寫信時我都要求自己認真一些，少寫錯別字。我也會到處去找中文書籍來讀，以免讓我的中文水準永遠停留在小學程度。

小孩子最容易掌握一種語言，也最容易忘掉一種語言。我在學習英語的同時，中文始終沒有落下，這不得不感謝那些年裡每星期給母親寫中文家書。不然，也許童年時所學的漢字早就被ABC 侵蝕了。

後來，我終於明白，母親臨走時叮囑我的兩件事不單是希望我娶中國妻子，會中國語言，更蘊含著一種濃濃的家國夢、深深的中國情。母親用各種教育方式，潛移默化地將中國的文化和中國的思維方式根植在我的身上。

由於母親的影響，無論我身在何處，我都會關心兩岸正在發生的一切，無論我工作有多麼忙，我都會抽出時間幫助青年學生──因為那裡有整個民族傳承下來的信仰和光榮，因為母親不止一次地提醒我說：「別忘了你是中國人。」

### 10.愛的牽掛

有人說：「子女是父母最甜蜜的牽掛。」直到我有了孩子，我才真的明白這句話，也因此特別懷念那一段母親把我攬在懷裡的歲月。

其實，每個人不管年紀有多大，事業上取得了什麼樣的成就，在母親眼裡，你還是她的孩子，還是讓她魂牽夢縈的牽掛。而這種牽掛，讓你無論遭遇多大的磨難，內心都能滋長出強大的力量。

2005 年，當我跳槽換公司時，老東家決定起訴我，我知道我有麻煩了。官司剛開始時，情況看起來非常嚴峻，謠言滿天飛。雖然很多都是子虛烏有的指控，但很多報刊媒體未經任何查證就下了混淆視聽的標題，甚至汙蔑我的道德價值。

即便我心中坦蕩，但面對這些沒來由的攻擊，完全不煩憂是不可能的。深夜裡，我佯裝鎮定打電話給母親。在電話那一頭，她堅定地告訴我：「一切都會沒事的。不管你做出什麼樣的選擇，我都站在你這邊，你永遠都是最棒的。」

隔著太平洋，我強忍住感動的淚水，沒有在電話中失聲。但放下電話後，我就再也忍不住了。我無比感動並深深地自責，感動的是母親對我真誠的支持，自責的是我還需要母親為我的工作操心。

我很慶幸有這樣一位既傳統又開明，既嚴厲又溫和，既勇敢又風趣，既有愛心又有智慧的母親。她的教育既有中國式的高期望，也有美國式的自由放權；既有中國式的以誠待人，也有美國式的積極進取。如果說我今天取得了一些成績，那麼這些成績都是來源於母親的教誨、犧牲、信任和支持。

　　過去的這 10 多年，母親的失憶狀態一年比一年嚴重，可是因為工作繁忙，我雖然每年休假都會回去陪母親，但一年也就 1、2 週的時間。這些年，特別感謝台灣的三個姊姊對母親的照顧和付出。

　　幾年前我得了癌症，治療時又搬回家跟母親同住。那段時間，母親已經無法跟我再像往昔那樣溝通，但至少我可以陪伴她，跟她一塊兒吃飯，買她喜歡吃的東西和小玩具，和姊姊們陪母親打糊塗牌、拋接小皮球。

　　當時，我一方面會因母親不認得我而難過，另一方面又會慶幸，這樣她便不會知道自己最疼愛的么兒正在遭受病痛折磨，也不會再因我擔驚受怕。轉念一想，自己人生最困難的這幾個月是和母親一起度過的，還是有些欣慰，老天待我不太薄。

　　好強的母親，終究敵不過歲月的侵蝕。幾次送她去老年大學，我遠遠地站著看她跟一群失憶老人一起，由年輕的老師領著舒展筋骨、玩遊戲，我的心情竟和當年送女兒上學時是一樣的。90 幾歲的老母親，成了我的老寶貝，我的老小孩兒！

　　失憶的老人中有不少會表達出沮喪、沉默或憤怒，但是母親總是笑咪咪的，跟我們玩遊戲、唱歌、踢球。可愛的母親依然熱愛美食，做夢還會說「我要吃肉」。

　　陪伴失憶但仍樂觀可愛的母親時，我經常會想到：母親這一生都是在用自己的方式給予我們無微不至的愛。也許她自己知

道，這時她能表達愛的最好方式就是成為全家最可愛的老小孩。

小女兒德亭在母親的一次壽宴前，為祖母拍了一張戴手套的照片。因為那時候母親常覺得身上發癢，我擔心她會忍不住把自己抓傷，就為她戴上手套。

記得小時候我長水痘時，母親也曾對我做過一模一樣的事。在我為她戴上手套之後，她馬上就忘了身上的癢，用兩手蒙住眼睛，又鬆開兩手，對我調皮地笑。在我小時候得水痘的時候，她就是這麼教我的。

我就知道，親愛的母親，她是多麼地愛我！所以，在她連自己的名字都忘了時，她依然記得我們之間的小遊戲！

德亭帶著相機，在一旁守候著如今像嬰兒一樣隨時需要人照顧的奶奶，她跟我說：「奶奶似乎喪失了一輩子的記憶，這讓人好心痛啊！」

我跟德亭說：「生命是非常玄妙的。我覺得奶奶不是在逐漸失去記憶，而是在清除憂慮；她的心智不是在退化，而是在淨化；她不是在走向生命的落日，而是在走向新生的黎明。」

我親愛的母親，您放下了重擔，走向了黎明。母親，我永遠愛您！您的 7 個孩子永遠愛您，都希望永遠做您的孩子直到永恆。

# 我的愛情故事

　　剛剛到美國，媽媽就警告我不能和美國女孩交往。因此，我一直恪守著對媽媽的諾言：「不會找美國人做女朋友」。儘管從高中開始，身邊的死黨們就會毫不忌諱地對我大談特談女朋友了，但是我特別害羞，一談到這個話題，我就會滿臉通紅。到了大學以後，我不是沉迷在橋牌裡，就是忙於暑假打工賺足學費，因此感情生活一直是一片空白。

　　1982 年 6 月，我回到了台灣溫暖的家中度過大三那年的暑假。我並不知道，這個時候家裡的所有人都在張羅我的終身大事。後來姊姊們告訴我，媽媽在那個暑假之前，就開始部署一切相親事宜了。

　　此前，母親一直在問我：「在大學裡有沒有認識中國女孩？」我的答案一直是：「沒有！」媽媽總是很失望。後來，她總是對姊姊們說：「么兒已經 20 歲了，再不給他找女朋友，他會不會真的要找美國人當太太了？」

　　在大三暑假來臨之前，媽媽決定無論如何都要為我安排一位台灣的「交往對象」。媽媽一聲令下，姊姊們紛紛開始行動起來。在我回台灣之前，她們已經列好了一份名單，準備讓我進行

轟炸式的相親。那個時候，我還從未跟一個女孩約會過，這樣的安排讓我既期待又有些畏懼。

記得當時第一次相親時，那個女孩無可奈何地告訴我：「其實我已經有男朋友了，來相親是被爸爸媽媽逼的，因為他們不喜歡我的男朋友。」我回到家後，心裡想：相親真是一件滿無聊的事情。

但是，僅隔 1 週的第二次相親，我就奇蹟般地遇到了一生中的真愛，她就是我現在的太太謝先鈴。說起那次相親也是頗有意思。我父親李天民和她父親謝星曲本來就是同事，兩個爸爸在工作方面很熟絡，但是誰也沒有想到讓自己的兒女在一起這回事。

有一天，他們一位共同的朋友馮伯伯無意間對我父親說：「你知道嗎，謝星曲的女兒又漂亮，又能幹，又賢慧，不如讓開復出來和他女兒見見面。」我父親一聽，立刻動心了，趁著我在台灣，爸爸組織了兩家人的聚會。當然，我們兩個年輕人也被明確告知了這次聚會的目的。

那次聚會，超大的桌子旁邊坐了兩家的十幾口人，大人們沒事似的熱熱鬧鬧地用四川話談論政治，談論誰誰誰又退休了，誰誰誰又升官了，好像沒有相親這回事。在忐忑中，我看到了坐在我正對面的相親對象。

這是一個梳著長頭髮、長著甜美的娃娃臉的女孩子。她坐在那裡，真是相當安靜，舉手投足也很淑女。這就是她留給我的第

一印象。不過，因為我們隔得太遠，又都比較害羞，當天竟然一句話也沒有說。

回到家裡，父親問我：「你覺得他們家女兒怎麼樣？」

我一頭霧水地說：「沒看太清楚，是不是也太文靜了？」

現在先鈴回想起當年的往事說：「當時我爸也問了我的感覺，我對我爸脫口而出，印象實在不怎麼樣啊，他一言不發，表情又好嚴肅，幾乎不怎麼正眼看我，簡直是在耍大牌呢，覺得自己是美國名校的就了不起！」

我委屈啊。我不說話，是因為那麼多長輩，我一直沒有機會說話。我不看她，是因為不敢正眼看她。

然而，對方這些不痛不癢的話語，經過馮伯伯的傳播卻完全變了風向。我聽到的回饋是：「他女兒覺得你挺不錯的。」而傳到她那裡的資訊則是：「他兒子特別喜歡你！」我們兩個人當時聽到對方這樣的表態，都覺得再接著見見面也無妨。

我還記得我和她的第一次約會。這個安靜的女孩真的開始吸引我，她的一顰一笑非常溫柔，表情也十分可愛，而且說起話來輕言輕語的，有一種單純又溫婉的氣質。

和我一樣，她也沒有什麼與異性交往的經驗，但是我們一開始就很投緣，彼此開著玩笑。記得第一次約會，我就開玩笑逗她。她問我：「今天去看什麼電影？」我打開手邊的報紙，裝作仔細研究的樣了，然後認真地說：「今天有一部『裝修內部』看起來

不錯啊!」她興高采烈地說:「是嗎,那就看『裝修內部』!」我就當真帶她到了那個電影院。到了那兒,她才發現被我耍了。電影院在進行「內部裝修」呢!

玩了一整天回家,我累得躺到床上,但是一整晚都無法入眠,回味著那天的每一分鐘。第二天起來,我對姊姊們鄭重宣布:「誰也不要再給我安排相親了,我現在已經找到想要的人啦!」

自從那一天開始,我的心裡有了一個人的存在,我開始用整個暑假來約會。在一次又一次的約會中,我們的感情逐漸增進著。每天晚上回到家裡,我都回味著我們去過的每一個地方,看過的每一部電影。

後來,我每次去她家找她的時候,都要在路上買一束玫瑰花送給她。結果,她的鄰居一看到拿著玫瑰花的人來了,就都說:「李天民的兒子又來找謝小姐啦!」

從此之後,我開始全力以赴地對待人生中第一次也是唯一的一次愛情。得知她家住在台北郊區內湖,對繁華的台北市區裡的館子不熟悉,我讓姊姊們給我列了一張長長的餐館名單,包括我們家平時嘗試過的所有的好餐館,我決心帶她一家家去吃。而姊姊們特別支持我多多付諸行動,她們甚至每人給我捐了台幣 1 萬元的「戀愛經費」,讓我有實力去對女朋友好。那個時候,我對她誇下海口:「要帶你吃遍台北!」

　　除了席捲台北的餐館，流連在士林夜市，我們還昏天暗地地泡在台灣的甜品店裡，記得我們經常要雪王和刨冰吃。有一家店號稱自己有 60 多種口味的霜淇淋，而我們去的次數太多了，已經把每一種都吃了個遍。

　　交往過程中，我發現她除了可愛、純潔，還是一位罕見的傳統中國女性。為了家，她心甘情願地付出一切。每天一大早起來，她搶先把家務做了，掃地、買菜，生怕她年邁的外婆和身體不好的母親勞累。父親生病時，是她整整一個月睡在醫院照顧。家境拮据的時候，她退掉學校的餐費，自己做簡單的菜吃。為人處世，她總是燃燒自己，照亮別人。這一切都深深地感動了我。

　　到了暑假後期，我們的感情愈來愈深。回美國那一天，我和她約定，盡量多給對方寫信。

　　回到美國後，我們開始了鴻雁傳書的一年，我 1、2 天就給她寫一封「熱情洋溢」的信，向她訴說美國的大學生活，還有身邊的各種趣事。寫信對我來說，是一天中最幸福的事情，我可以毫無保留地和她訴說任何事情，也表達對她的想念。而她的來信也是 1、2 天就會飛到我的手裡，不過她的信就比較含蓄，雖然也談論很多事情，但是沒有那麼炙熱的語言在裡面。其實，那是她一貫的風格。

　　有一次，我突發奇想，把她給我的來信先複印一份，然後把影本上的字一個個地用剪刀剪下來，再用膠水貼到另一張信紙

上，組合成一封新的「肉麻情書」。在信上，我告訴她，你以後寫信的風格應該是這樣的：「開復：自從你回美國後，我三天三夜僅是看著月亮想著你。我好不習慣，很傷心，很難過，真痛苦！我為你斷腸，一蹶不振，甚至多次想不開。我常常 cry（哭），現在已經欲哭無淚。你是那麼地聰明、可愛、溫柔、體貼、完美！」據說，她接到這封信後哭笑不得。

1983 年，還不到 21 歲的我正準備開始讀博士。而同時，另外一個想法也慢慢地湧上了我的心頭。我想在走入人生的下一個階段時多一個伴侶，讓她陪著我選擇，陪著我走人生路。我不一定將來能夠成功，但是，我希望能夠讓她快樂，給予她幸福。

在信裡，我表達了結婚的想法。但是，這件事情對於她來說，真的是太突然了。她後來對我說，她不但從來沒有想過結婚的事情，更覺得結婚對於她來說簡直是十萬八千里遠的事情，被我一問，有點蒙了。因為她還想在台灣多待一陣子，還想照顧外婆。

等待她多日考慮後，我給她的家裡撥了越洋電話。我清了清嗓音，對著電話說：「我知道，這樣的求婚對你來說有點突然，我們的年齡也比較小。但是我已經認定你了，我相信你也認定我了。所以，」我頓了頓說，「你願意嫁給我，讓我成為世界上最快樂的男人嗎？」

電話那一頭幾乎是沉默了半分鐘，我才聽到了一聲「願

意」。後來，她告訴我，她本來還是有顧慮，但是被我的真情打動了。

現在有些年輕人得知我一輩子只有一份感情，或者說第一次戀愛就結婚了，感到十分不可思議，尤其是知道我在 21 歲就組成了家庭後，感到有點震驚。其實，對我來說，正是因為有了穩定的感情依靠，使得我在美國讀博士期間，不再感覺到孤獨，也讓我有了心無旁騖、全力以赴做科研的動力。

妻子這幾十年來任勞任怨、相夫教子，對家庭付出極多。對她的家人，她總是充滿著愛心，永無止境地奉獻，無論是每天 6 點起來為全家榨新鮮果汁，還是親手縫衣服和被子，或者是把衣服燙得筆挺，我們生活裡的每一處都能看到她的關懷。在我繁忙的時候，她照顧著我。在我專注工作的時候，她從不抱怨。在我職業生涯進入低谷的時候，她安慰著我。我遇到過很多次的職場挑戰以及生活地點的轉換，都是在她的陪伴支持下度過的。

在這幾十年的婚姻裡，我們相伴走來，擁有了太多太多濃得化不開的親情與感動。

# 李開復與青年的問答實錄

① ─────────────────────────────────

○ 問 從小到大，我都是全班第一，也是我父母的驕傲。但是，進入全市最好的高中以後，我發現自己不再是全班第一。我開始懷疑自己，無法快樂起來，我該怎麼辦？

● 答 我認為，你是一個「一元化」教育體制下的受害者，彷彿你的存在和快樂都建立在保有第一的基礎上，你也會發現這樣的「快樂」是多麼地脆弱、不真實。讓得第一決定著你的快樂，這是多麼狹隘、荒謬的事。這是典型的「一元化價值觀」的體現。

學習做第五、第十仍能自我肯定，樂由心生是你現在必需要做的功課。

首先，你要打破「第一快樂」的迷思。世界上沒有研究能證明拿第一的人是比較快樂的，但研究證明「找到意義」「做有意義的事」和一個人的快樂與否有關。另外，能感受愉悅或積極投入到興趣、愛好中，能夠渾然忘我的人和快樂真正相關。

鼓勵你以興趣、愛好為目標，放下「第一」。

「第一」或許能給你一些成就感，但你不是分數的奴隸，

只有你自己能決定自己的快樂。

你為什麼要進入全市最好的高中，而不是選擇一所能夠讓你保持「第一」的學校？即使在這所全市第一的高中得了「第一」，是否就說明你是全國所有高中的「第一」？即使你進了清華，得了清華的「第一」，是否又說明你是全世界的「第一」？這就是古人說的「天外有天，人外有人」。看到比你強的人，你應該高興，因為你又可以在與之交流、友好競爭和切磋中提高自己了。

你一定知道劉翔，他在奧運會上平了世界紀錄。但最初在國內比賽時，儘管他老得第一，卻總是不能接近世界紀錄。這是為什麼呢？因為國內比賽中的對手不強。在奧運奪冠前，他在國際大賽中不知經歷了多少次落後和失敗，才有了後來的成就。如果是你，你願意選擇永遠在國內得第一（當然有鮮花和掌聲）但不參加國際比賽，還是不斷地去與國外的高手切磋技藝，不怕一次次地被打敗呢？

進入高中以後，希望你能夠逐漸尋找自己的興趣和目標，而不要為了老師的關照和大家的矚目而學習。當你找到了真心喜歡的志趣以後，你會發現「第一」的光環是多麼虛幻，世界上原來還有比它更加令人激動的東西。要想找到這樣的東西，就一定要走出虛榮的光環，恢復平常心。

建立在別人給你做的光環上的生活並不踏實，因為別人左

右了你的喜怒哀樂。一定要將命運把握在自己的手裡，為了自己的目標而努力，而不是為了討得別人給你的光環。

## 2

○ 問 我剛進入一所重點高中，以前我在自己所在的初中成績一直名列前茅，但在新環境和團體裡，作為一名高一的新生，我看到周圍的同學都很優秀，因此我感覺到壓力很大，擔心會成為最後一名。開復老師，我該如何走出這種心理困境？

● 答 首先，恭喜你進入了一所好學校，這是一個好的開始，你應該高興，而不是恐懼。相信你希望自己能積極向上，進入這所學校一定是個正確的選擇。

我一直建議同學們：「從成功裡獲得自信，從失敗裡增加自覺。」

「從成功裡獲得自信」的涵義是：你可以挑選自己擅長的或感興趣的學科，等待或尋找機會發揮自己的才華，幫助自己建立自信。對成功的定義要合適，不要把標準定得太高，變成對自己的苛求。

「從失敗裡增加自覺」的涵義是：不要給自己太大壓力，以平常心看待一切人事。只要你盡力了，就應該滿足、為自己自豪。我曾經和清華、北大的校長聊天，聽他們說學校經常遇

到的問題是每個學生都習慣當第一，但是事實上只有一個第一，導致很多人覺得自己很「失敗」，但清華、北大的畢業生會有很好的出路，包括最後一名，他們完全不必如此擔心。我想這個事例對你來說也是類似的。

從你的信中，我讀到了你的患得患失以及你現在過分珍視自己過去擁有的榮譽，而不是重視上高中本身所應達到的目的，這說明你還不明確自己的目標是什麼。

任何一個身處全新環境的人都會有一定程度的緊張，擔心自己在新環境中是否能夠生存，這種情緒是人類天生的本能反應。更何況你才剛上高一，年輕人潛力無窮，即便現在考最後一名，你依然能夠學到很多知識，以後依然能夠成才！

如果考試時成績不理想，你應該認為這樣自己就能有更大的進步空間，換個角度看事情，世界和心情都會不同。希望你能在優秀的環境中，變壓力為動力，學到更好的適應能力和更正面的抗壓方法及自信。

③ ———————————————————

○ 問 高考結束了，但我沒考上好大學，進入了一個三流大學，我對學校很不滿意，我該怎麼辦？接下來的4年是不是就荒廢了？今後我是不是就沒前途了，進不了外商公司和知名企業了？是不是在國外發展能好一點？以後要不要再考名校？

● 答 雖然你對學校不滿意，但是你應該考慮未來4年要怎麼度過。你可以不喜歡你的學校，但是你不能不喜歡你自己。如果你哀歎、彷徨，甚至頹廢，將你的4年浪費後，你將一無所有。如果你在入學時對未來不滿意，然後從此不上進，4年後，你只會更不滿意。如果你喜歡自己，在乎自己的未來，你就要告訴自己：「我要從這不完美的地方，度過最充實的4年。老師教不好的，我自己學；課本學不到的，我到網上學。」

林肯曾經說過：「永遠記住，你自己要取得成功的決心比什麼都重要（*Always bear in mind that your own resolution to succeed is more important than any other one thing.*）。」

我認為一個人上什麼樣的大學並不是人生的關鍵。大學本身品質很重要，但是如果你有理想、有目標的去努力，不受外界環境干擾，在什麼大學上學也並不是決定因素，現在通過互聯網及其他豐富的資源同樣可以學到很多知識，關鍵是你必須上進，學會自習，不要隨波逐流，被周圍不好的因素影響。坦白說，三流大學最不盡如人意的地方就在於學習氛圍不太好。

大學4年除了學習課業外，還有很多重要的地方，例如練習自習的能力、增進情商、通過社團活動學習團隊合作等。當你設定在大學中要達到的目標時，不要忘了注意多方面的成長。

除了學習之外，你應該盡自己最大的努力想清楚你的人生目標是什麼？你的興趣在哪裡？你畢業後想從事什麼職業？我

相信對大多數人來說，進入知名企業大概不是一個正確的人生目標。在國內還是國外發展，在現階段對你來說也不是主要需要考慮的問題。如果你不知道你的理想是什麼，在國外也會一樣迷茫，出國不能解決任何問題。我建議你找到自己喜歡做什麼、確定有什麼事情能使自己興奮和投入。

　　我在你這個年齡的時候沒有好好考慮過這個問題，現在想起來有些後悔。你剛剛忙完了緊張的高考，現在正好有時間和精力去好好考慮，因為你自己的問題沒有人能夠代替你做出回答。如果你找到了興趣和方向，並且珍惜時間和學習機會，你依然會享受在大學學習的好機會。一流大學裡浪費光陰、虛度年華的大有人在；三流大學裡踏實進取、最終成為棟樑之才的人也不在少數。無論你以後的路怎麼走，選擇的主動權還是握在你自己的手中。

### 4

○ **問**　現在我遇到了一個特別大的挫折，讓我一蹶不振，感覺人生失去了意義。請問開復老師，您遇到過挫折嗎？您是如何面對挫折，從痛苦中站起來的？

● **答**　如果你讀過我以前的一些文章，你就會了解到我過去遇到了不少挫折，以及我從中領悟到了很多的經驗教訓。

　　我曾經是誤人子弟的老師，被學生嘲笑是糟糕的老師卻還渾然不知，後來無意中看到他們給我起的綽號才醒悟過來。這促使我開始學習溝通和演講的技巧。後來，我每年會面對幾萬學生做幾十場演講。

　　我曾經做過一個很酷但是沒有實用價值的技術，最終造成上百人失業的惡果。為了這件事，我至今仍然感覺無比歉疚，直到那件事過去一年以後，我才能夠完全正面面對我給他人帶來的不幸。但是我從來沒有對任何人隱瞞這件事情，並經常用這個實例規勸學生：「重要的不是創新，是有用的創新。」這句話今天還刻在麻省理工學院的一塊石板上。

　　在人生逆境中愈挫愈勇，從挫折中學到教訓，勇敢地面對、承認自己的挫折，甚至在挫折中找到出路、意義，這是我在你面對挫折時能給出的最好建議。通過下面這個例子，你或許能理解我的意思。

　　住在美國西雅圖附近的約翰・貝爾先生在他30歲的時候，突發心臟病，醫生宣布他只剩下3個月的壽命。這對一個人來說是多麼大的挫折呀！當時束手無策的約翰，坐在自家附近的河邊，注視著流水，想起叔父曾說過，它曾經是一條美麗的河流，每年都可以在這裡看見鮭魚逆流而上，魚群數量龐大，似乎可以讓人踏著魚背渡河。而今呈現在約翰面前的河流卻已經變成工廠傾倒廢棄物的場所，是一條死亡的河流。約翰看著眼

前這條悲慘的河流，不禁聯想到自己的人生。

於是，他馬上開始整理這條河流：他做了柵欄將垃圾集中，將磁鐵沉入水中用來吸取金屬類的廢棄物，在河堤上栽種植物來淨化水源。約翰拚命地整治河流，他認為讓死亡的河流再生，就如同搶救自己的生命般重要。

醫生所宣布的3個月期限過去了，他依然健在。約翰的事蹟因此出名，美國各地有許多義工想訪問他。心靈受創的人也加入到清潔河川的工作中，很多人回家時創傷已經癒合。

一位越戰退伍後，多年來未發一語、得了憂鬱症的老兵，在和約翰一起工作5個小時後，突然坐下來大哭，開始吐露深藏心中的憤懣和不滿，也脫離了他的挫折心態。

在未來的某一天，當你能夠直接面對某個挫折時，你的心態不應該再是悔恨或羞愧，而是看到教訓和經驗，這就表示你已經達到了成熟的心態。

5

○ 問 開復老師，您曾經提到過不要追求名利，而要立志追求自己的理想，做自己想做的事情，做自己價值觀需要做的事情。可是我覺得我們都生活在一個以名利為主流價值觀的世界中，如果為了清高的理想，而得不到名利，也就得不到那種成就感和主流社會對你的認同感。如果我有一個非主流的價值

觀，周圍的人或社會都不認可，那怎麼辦？我們如何保持平和的心態來做這些不平凡的事情呢？有這種可能嗎？

● 答 首先，我想對你的問題作一些澄清：

（1）追求理想是否代表清高、不平凡？反之愛名利就是低俗、譁眾取寵？這是太簡化的「二分法」思考。李安多年前選擇學電影，只是因為熱愛和堅持自己的興趣，在紐約待業6年，只靠太太支撐家庭經濟。他何嘗自命不凡？他只是不願放棄自己的理想，在生活中隨波逐流。

（2）你說我們生活在一個以名利為主流價值觀的世界，其實我們生活在一個多元價值觀的世界，主流與非主流也不要簡單地二分，這兩端之間有很多種可能。

我還想對名利方面稍微做一點補充。許多人把名利和社會責任、理想對立了起來，好像你追求名利就沒有理想，或者追求理想就必須放棄名利。其實，名利本身沒有任何的不好，我想人希望得到名利也是可以理解的，但是我建議不要把名利當作你的理想或目標，更不要把名利誤認為是一種價值觀。

其實，理想和名利並不對立。如果你做的事情符合你的價值觀、興趣和理想，名利確實很有可能會成為一個副產品。在剛才舉的李安的例子裡，在追逐自己的理想中，他並沒有放棄名利。當他達到他的理想時，他也名利雙收。所以，理想和名

利是不衝突的。以前美國的一個研究也證明了最終得到名利的那些人，更多是因為追求理想，而非只是想發財的人。

另外，你問如果你有一個非主流的價值觀，周圍的人或社會都不認可，那怎麼辦？這是一個很好的問題。

如果你的非主流價值觀對你來說真的那麼重要，你應該給自己足夠的力量，給自己激勵，讓自己能夠通過實現自己的理想來克服某些人片面的意見。但是，如果你不能讓自己繼續為理想感到激動，那可能應該再想一想這是不是你唯一真正重要的價值觀？

此外，我想說我們不要把社會當作一個實體。世界上有這麼多的人，也許你做的這件事情不受某一群人價值觀的認可，但是我相信還有另外一群人會認可，我希望你能夠找到那群人。

我舉一個很簡單的例子，當時我寫文章和青年學生談誠信的時候，我給很多同事看，徵求他們的意見，他們說：「寫得不錯，但是千萬不要發表，發表了以後會得罪人，最後你得不償失，反而會被當作不務正業、沒事找事的人，甚至可能會傷害公司的形象。」

但是我覺得我不認可他們的看法，我發表了。為了避免影響公司，我還補充了一段話，解釋這篇文字只代表自己並不代表公司。最後，我果然看到了很多青年同學其實正面臨著如何選擇價值觀的難題，他們非常需要這樣的幫助。

6

○ 問 李老師，您好。我非常佩服你的人生目標：最大限度地發揮影響力。說得通俗一點，就是為人民服務吧。可是在我看來，有這種目標的人必定是容易受傷的，因為這個世界根本就沒有「善有善報」這條規則。在「人善被人欺，馬善被人騎」這樣的現實當中，我想您之所以跟我們的想法不一樣，是否是因為我們的信仰有著非常大的差別呢？您的信仰是什麼？是什麼讓您突破了這些世俗的看法，放棄了自己的利益？

● 答 我信仰的核心是「最大化自己的影響力」，想助人找到自己的聲音，創造更好的命運和擴大每個人的影響力。我認為國家的希望在青年學生，我也期盼能將這樣積極的人生觀分享給學生，讓他們能在「被欺」「被騎」的受迫受制心態中見到一些不同的可能，心態稍微平衡，進而願意看重自己的影響力而更努力向前。

不過你們都知道我的核心信念除了西方的積極性，還包含了東方的謙卑及樂天知命，就是「有勇氣來改變可以改變的事情，有胸懷來接受不可改變的事情，有智慧來分辨兩者的不同」；也可以說我信仰人要為自己的命運盡人事，但能成與否要聽天命，相比之下我在乎的不是善報，而是利己利他。

關於影響力，首先我要說明的是，影響力並不代表個人的

勢力或權力，而是讓世界因為有我而更美好，對周遭產生影響力，為世界、為人類創造了價值，成為一個有價值的人。

有些同學認為我這麼說就是要讓大家放棄世俗的理念和自己的利益，所以應該叫作「無私的奉獻」；也有些同學認為我是讓大家把自己的利益和「服務和奉獻」對立起來，要做到「自我犧牲地為人民服務」，其實這些理解都有失偏頗。做到「最大化自己的影響力」和個人的利益並不衝突。比如說，工程師在Google做一個很有用的產品，讓使用者獲取更多資訊，對世界有重大的影響力，同時對自己而言這也是一個待遇優厚的職位。

或者作為一個經濟學家，對國家的貢獻和影響力巨大，同時社會也會給個人以相應的社會地位和報酬。在美國一個關於商學院畢業生的調查研究中，人們發現那些具有理想，希望增加自己影響力的人，往往最後也是獲得最多財富的人。

有的同學可能會認為我的解釋讓人感覺虛偽或空洞，但我想，無論是「影響力」還是「貢獻」，最重要的是每個人都需要思索這樣一個問題：人生在世的意義究竟是什麼？如果你得到的答案是：我生存的意義是這個世界因為有我而變得更好更進步，那你就會得出和我相同的結論。

督促你探詢人生意義與價值的驅動力有很多種：對富有的人而言，如果你已經擁有名望與利益，你便自然而然地開始領

悟到人生還需要有更崇高的意義，理解到個人還需要有更重要的存在價值；對於有智慧的人而言，個人的知識背景、特殊的人生閱歷所形成的人生哲學，引導著你去思考你存在的意義；對於任何人而言，家庭或民族傳承下來的信仰，或者你從小所接受的教育，指導著你去思考生命的意義。

　　所以，擁有信仰是一件好事情，而且任何人都可以有自己的信仰。作為推動社會發展的驅動力之一，正面的信仰可以讓一個人的人生更有意義。

⑦ _____

○ 問　我想多學兩種知識，但是現在時間上怎麼安排都不夠，我該怎麼辦？但是開復老師您除了繁忙的公事，同時也做到了一個好丈夫、好父親，而且還寫書、寫文章以及辦網站。您是怎麼做到這樣「分心」的？怎麼樣才能把一天24小時變成36小時？

● 答　人的一生兩個最大的財富是：你的才華和你的時間。才華愈來愈多，但是時間愈來愈少，我們的一生可以說是用時間來換取才華。如果一天天過去了，我們的時間少了，而才華沒有增加，那就是虛度了時光。所以，我們必須節省時間，有效率地使用時間。如何有效率地利用時間呢？我有下面幾個建議：

（1）知道你的時間是如何花掉的。挑一個星期，每天記錄下每30分鐘做的事情，然後做一個分類，例如：讀書、和朋友聊天、社團活動等，統計下看看自己什麼方面花了太多的時間。凡事想要進步，必須先理解現狀。

（2）學會使用時間碎片和「死時間」。如果你做了上面的時間統計，你一定發現每天有很多時間流失掉了，例如等車、排隊、走路、搭車的時間，可以用來背單字、打電話、溫習功課等。我前一陣和同事一起出差，他們都很驚訝為什麼我和他們整天在一起，但是我的電子郵件都可以及時回答？後來，他們發現，當他們在飛機、汽車上聊天，看雜誌和發呆的時候，我就把電子郵件全回了。重點是，無論自己忙還是不忙，你要把那些可以利用瑣碎時間做的事先準備好，到你有空閒的時候有計劃地拿出來做。

（3）每天一大早把一天該做的事排好優先次序，按照這個次序來做，並要求自己這天把最重要的3件事做完。我感到在工作和生活中每天都有幹不完的事，唯一能夠做的就是分清輕重緩急。

有的同學會說自己「沒有時間學習」，其實，換個說法就是「學習沒有被排上優先順序」。曾經有一個教學生做時間管理的老師，他上課時帶來2個大玻璃缸和一堆大小不一的石頭。他做了一個實驗，在其中一個玻璃缸中先把小石、沙倒進去，

最後大石頭就放不下了。而另一個玻璃缸中先放大石頭，其他小石和沙卻可以慢慢滲入。他以此為比喻說：「時間管理就是要找到自己的優先順序，若顛倒順序，一堆瑣事占滿了時間，重要的事情就沒有空位了。」

（4）運用80%～20%原則。人如果利用最高效的時間，只要20%的投入就能產生80%的效率。相對來說，如果使用最低效的時間，80%的時間投入只能產生20%的效率。一天頭腦最清楚的時候，應該放在最需要專心的工作上。你們可以把一天中20%的最高效時間，專門用於最困難的科目和最需要思考的學習上。許多同學喜歡熬夜，但是晚睡會傷身，所以還是盡量早睡早起。

---

## 8

○ 問 我是個不甘人後的大學生，今年已經大二了。但有時候我覺得在學習方面總是被別人牽著走，有時候想出了解決問題的辦法，就想為此拚命，決定不達目的誓不甘休，但睡一覺第二天又沒有那個熱情了。我常常怨恨自己太缺乏毅力，拿起書本，學一會兒就煩；想改變自己，又無法持久。別人都說我是一個對什麼都有興趣、又什麼都不精的「三腳貓」。我整天埋怨自己，就是不能改變習慣。您能為我出出主意嗎？我該如何規劃自己一天的時間？

● 答 我給你6個建議。

（1）別再埋怨自己。怨恨自己是沒有建設性而且有害的想法，會抹殺你的自信和積極性。不過，從你既無法持久卻常常怨恨自己，可見還是有辦法持久，只可惜是不健康的持久。

（2）珍惜你的優點。好奇、有熱情都是值得珍惜的優點，就用這份好奇心慢慢探索，相信在未來，你的好奇心和熱情會成為你的核心競爭力。不過，從過去的經歷看，你知道自己沒有足夠的持久性，所以以後當你發現新天地時，不要太快感情用事，還是抱著懷疑的態度，多做諮詢。

（3）尋找你真正的興趣。我們往往對有興趣的事情不需要督促就會做好，如果你的方向是你真正有興趣的，保持持久性應該相對容易。

（4）接受和理解你必需要做的事情。但是在做有興趣的事情前，一定要把手邊必須做的事情做好。有些沒興趣又必須做的事情如果不做，可能就會失去以後做自己感興趣的事的機會。所以，對一件事情，在培養毅力前，先告訴自己為什麼要做這件事情。當你理解並深信做這件事情是你的必經之路時，你就會更好地督促自己。

（5）毅力不是每個人天生就有的，既然認為自己沒毅力，那就先給自己定個目標，慢慢來，不要太急，既然已經意識到這一點，那就好辦。開始不要把目標訂得太高，就像爬樓梯一

樣，一步一步來。但是毅力是成才者必須具備的重要素質之一，因此你需要重視對自己毅力的培養。日本有媒體總結了種種培養毅力且行之有效的方法，包括盡早培養、有意讓自己吃點苦、加強體能鍛鍊等，你也可以試試。

（6）定階段性的目標。從「不做一件事」到「每天花5小時做那件事」對大部分人來說都會很困難。如果你給自己一些可以承受的目標，達到後再增加，那你就會慢慢地形成一種習慣。寧願把目標先定低一點，但是一定要實踐。把自己當作別人，對自己做一個承諾，並且一定要履行自己的承諾。當達到目標時要獎勵自己，給自己一些鼓勵，這樣對你的毅力和自信都會有幫助。

**9**

○ 問 我曾經在一本刊物上看到過這麼一句話：「一個人的成功85%決定於在社會中的人際關係，只有15%決定於專業知識和其他的因素。」請問開復老師，您對這句話怎麼看？

● 答 這句話是戴爾·卡內基（Dale Carnegie）說的，我認為這句話非常有道理，但是千萬不要把「一個人的成功85%決定於在社會中的人際關係」誤解為「一個人85%的精力都應該放在搞人際關係上」。

　　卡內基的本意是說：在當今社會，每一個團隊的協調，每一個人與上下級關係的相處，每一次說服別人的過程，每一次和別家公司、合作夥伴、客戶的合作，這些都是人與人之間相處的模式，在每次人與人之間的互動中，每個人都要學會如何表達自己、如何與人溝通、如何說服別人、如何有同理心、如何聆聽別人、如何讓人信服、如何建立團隊精神等等。這些能力確實比專業知識更重要，而且永遠不會被淘汰。

　　閱讀卡內基的書能學習不少這方面的技巧，很多卡內基的作品在網上也能找到，他最有名的一本書是《人性的弱點》，你可以找來讀讀。

⑩ ────────────────────────────────

○ 問　開復老師，我是一個性格比較內向、不善言談的人，感覺這樣的性格不利於與人交往，平時和人閒聊的時候常會不知道要說些什麼，冷場是常有的事。因此身邊的人認為我很難相處，沒人願意跟我交朋友，這使我感覺愈來愈孤單，學習也不能集中精神，讓我的生活形成了一個惡性循環。我想改變這種性格，做一個很會說話的人，有什麼方法可以改變嗎？

● 答　首先，內向並不是缺點。著名的瑞士心理學家榮格在其心理學理論中指出：「人可以從不同事物中汲取能量──外向的

人可以從和他人的相處中得到能量,而內向的人可以從獨自的思考中得到能量。」內外向的性格都有各自的優點,不必太刻意去改變什麼,內向在某些方面也是有利的,所以內向的人不用想著徹底改變自己,應當慶幸自己擁有這樣的個性,並透過最適合自己的方法獲得能量。

讓一個很外向的人整天獨自思考,他會覺得壓力很大;同樣的,讓一個內向的人去參加大派對或面對數千人發表演講,他也會覺得壓力很大。因此,我們應當善於發揮自己的特長,以自己擅長的方法獲得成功。

其次,內向和外向之間並不是非此即彼的關係,而是有一個可以動態調整的範圍。比方說,用1到10共十個數位來標記人的性格,1為極端內向,10為極端外向,那麼,要一個人從內向的2跳到外向的9顯然是不現實的,但要讓他從2跳到4,就不會很困難。

事實上,每個人都有一個屬於自己的動態範圍。例如,我做過兩次「Myers Briggs 性格測試」,在我做經理之前,我的「內向外向」指數是4,在做了十多年經理後,我的「內向外向」指數是6。也就是說,我可以在較為內向和較為外向的範圍內,根據需要調整自己的性格。所以,內向的人可以在不給自己太大壓力的前提下,盡量往外向的方向發展。

我給你一些實踐性較強的建議:

（1）接受並為你擁有的內向性格感到欣慰，從自己的性格中獲取能量。外向者喜歡從執行中學習，而內向者喜歡從思考中學習；外向者喜歡透過討論碰撞出思想的火花，而內向者希望經過靜思達到創新的目的；外向者善於組織人和事，而內向者善於組織思想；外向者善於表達，而內向者善於感悟。

（2）給自己設定一些「較外向但又不帶來太大壓力」的目標。例如，要求自己開會時發言，或一個月主動交一個朋友等等。這些計畫最好有可以衡量的目標，以督促自己執行。內向的人有時會怕丟面子所以放不開，或者有太重的防備心理，這就需要多練習，每天做一件想做但是又有一點「社交恐懼」的事情。

（3）以誠待人。人的感情都具有反射性。你若希望別人對你和善，你首先要對別人和善；你若想別人對你付出真心，你首先要對他人付出真心。如果你能待人更真誠一點、主動一點、熱心一點，隨時隨地以誠待人、將心比心，你就更容易被人接受和信任。你最終的目標是要更好地與人相處，但這並不代表你必須改變自己的性格。

（4）利用你擅長的興趣、愛好去認識有共同興趣的朋友，打開話題。或者，針對一些你想認識的人，找一些共同話題。與人交流時，專注地聽對方講話，讓對方知道你在聽；在適當時間表達自己的意見。不過，注意朋友是終身的支柱，寧缺毋

濫，千萬不要交一些所謂的「酒肉朋友」，或與那些不是真心和你交往的人做朋友。

（5）練習和陌生人搭話的能力。主動找人講話時，不要那麼在乎「面子」。如果一個人不理睬你，那就繼續找下一個朋友，你不會有任何的損失。

（6）參加一些社團，透過社團活動認識別人。在你所屬的團體內去找朋友，如找同班同學一起讀書、複習，向他們誠懇地求助，找一些共同進餐的朋友，有時我們會驚訝地發現，一旦我們願意開口，身邊願意伸出幫助之手的人遠遠超過想像。

（7）主動、開朗一點。要想結識有趣的人，必須先成為有趣的人；想成為有趣的人，就要主動和別人談有趣的事，不要老是等著別人講話。總是喜歡和人分享有趣事物的人，他的身旁必定有許多願意傾聽的朋友。不必刻意去搞好人際關係，能尊重他人，使人心情輕鬆，自然會受人歡迎。

（8）要讓自己更平易近人，學會微笑很重要。在所有的溝通方式中，笑的感染力是最大的。

（9）主動向別人釋放善意，對幫助過你的人致謝，告訴對方他們在什麼地方幫了你的忙。或許這樣主動向外求助，然後以感謝回饋的方式可以開啟一個交友的良性循環。

（10）與人交流時，多聽少說，傾聽時要專注於對方所說的每一句話，讓對方知道你在認真傾聽，並且表現出你的確在

平對方的想法，在適當的時候坦誠地表達你的意見，漸漸地你就會發現很多人都會非常喜歡與你交往。

⑪

○ 問 開復老師，我是一個很容易受別人影響的人，因此也很在意別人的說三道四，似乎別人對任何一件事的看法都會在很大程度上影響我，這讓我困惑不已。我想做一個更有魄力、有想法的人。我該如何讓自己更有想法，在接納別人看法的同時又不被別人所左右？

● 答 當我們自信不足時，內心的聲音就會微弱，怕別人不接受、不認同自己，只好被別人的眼光、言語左右。首先，你必須培養自信。除了自信之外，如果想讓自己做個更有魄力，更有想法的人，你可以試著用以下方法訓練自己：

（1）學習自我肯定。把別人的說三道四擺一旁，肯定自己是獨一無二的，也擁有獨一無二的生命經驗和眼光。

（2）爭取機會表達自己的想法。培養自己的見解、想法，做到有勇氣將自己的思想大聲地表達出來，這需要一定的時間不斷練習。用舉手或其他肢體語言讓他人知道你想發言。如果別人都在說話，你感覺插不進嘴，那就等別人呼吸時把握時機插進去。試著從「我有些另外的想法……」開始，不要讓他人

打斷你，不要讓他人不理會你的意見。如果你被打斷，你可以理直氣壯地說「請讓我說完」；如果你說了這句話還沒有被理會，重複這句話。

（3）不要自動接受別人的看法。理解自己的原則，知道什麼是不可放棄的，絕對不要同意不符合自己原則的事。你可以提出有建設性、表示反對的意見，在尊重他人的前提下挑戰他們的意見，從而表達你的看法；當然你也要傾聽他人的意見，當別人正確的時候，誠懇地接受他人的意見。要知道對於任何一件事，每一個人的觀點和想法都可能不一樣。

（4）培養表達的技巧。多練習和對方目光接觸，這會讓你慢慢不那麼膽怯，在別人眼裡顯得更有自信。講話時少用那些拖泥帶水的詞，例如：也許、可能、會不會、如果、聽說等；多用那些有魄力的詞，例如：我認為、我希望、我要求等。你也可以去觀摩辯論比賽活動，學習從不同的立場思考和表達。

⑫

○ 問 開復老師，我覺得自己的人際交往能力不夠強，人際圈很狹窄，個人也沒有什麼特長，因此在社團裡不知道怎麼與其他人有效地建立起聯繫。我想請教開復老師，有沒有什麼實用的祕訣或社交技巧，能讓我迅速地擴大自己的社交範圍呢？

● 答 你的問題和「我數學不好，有沒有什麼實用方法可幫助我」是一樣的，答案也是一樣，就是只有靠多做、從錯誤中學習、多練習交往來逐步擴大交往圈。

美國有一位知名的心理學家，從小因口吃而不敢與人交往，他後來強迫自己每天到公園主動和3個人開口聊天，用來克服自卑心理，也培養了自己與他人用口語進行溝通的信心。

社交技巧是為了完成某些社會性目標，能與人建立關係和共事的能力。這就包括口語能讓人理解，文字書寫清晰，對時間和財務適當的管理能力，以及有同理心，能影響他人的能力等。社交技巧是一個相當廣泛的概念，和專長無關，也沒有速成的快捷方式。

我給你提供一點具體的建議：對同學再主動一點，再真誠一點，再熱心一點，同時再多相信自己一點點，或許這麼做會讓你的困惑減少一些。

我認為，好的人際關係不需要特意地去建立或者維護，它需要的是平時的日常「積累」，時時刻刻都多為別人考慮。

我們身邊人緣最好的人一定都是有特長、有智慧、熱心助人、詼諧有趣的人。誰願意跟一個內心蒼白、個性乏味的人做朋友呢？因此，人跟人之間的互相認同甚至欣賞都要具備一個前提，那就是一個人首先要具備能夠被別人認同乃至被欣賞的特質，如幽默、機智、博學、正直、尊重他人……，這些特質

難有一個統一的方式去獲取，但如果一個人用心揣測，摸索屬於自己的路徑以提升自己的智慧、修養和學識，這種方式比那些「交友祕訣」可能更有效。

每個人對於「用心揣測」的方法一定都有自己的見解，我所能總結的有：

（1）學習別人的經驗，同時自己親自去積累。觀察、總結你身邊「人緣好」「會處世」的人在人際環境中如何對他人的態度做出反應，如何巧妙地表達自己對他人的尊重和真誠，怎樣展現禮貌才不會顯得客套做作，怎樣表達贊成和不贊成的立場，怎樣既不冒犯他人又充分展現自己的個性……，你會慢慢發現，有的方法你可以模仿，有的行為你可能學不來，而有些方面你卻可以比他們做得更好。

（2）通過讀書、思考來提升自己的思維能力，豐富自己的思想。沒有什麼比智慧和淵博更能增添一個人的魅力。孔子說「友多聞」是益友的條件之一。

（3）建立或者加入一個社群，最好是基於共同興趣的一個小群體，這種有共同興趣的社群是最理想的學習人際交流的平台。

（4）放下身段，放開心胸地去給別人提供服務，找到你能夠也樂於貢獻的物件，為他人服務是一個培養人際能力和自信的最好管道。

⑬

○ 問 開復老師，我現在總是感覺缺乏信心，不知道自己能不能把事情做好。我覺得自己離父母的期望太遠，見到父母，我總是在猜想他們是不是在心裡又把我和他們心目中「完美孩子」相比而感到失望？雖然他們對我很好，但是我知道他們不滿意我的成就。這麼一來，我就愈來愈沒有自信。在學校，有些同學也是常用異樣的眼光看我，尤其在我表現不好的時候。我愈來愈鬱鬱寡歡，上課也不敢開口。我該如何提高自信呢？

● 答 你的心結在於你的家庭。一個孩子在成長階段中，如果能夠感受到充分的鼓勵、包容、尊重，從父母師長眼中看到的是欣賞、肯定，他的自信就會慢慢茁壯成長。反之，他就會對自己充滿懷疑、否定。這是父母或社會教育需要思考的──該如何培養自信的孩子。很多年輕人長期受到這種貶抑，缺乏正向的互動。

要解開這個心結，我建議你直接去找你的父親和母親，誠懇地對他們說：「我不知道你們怎麼看我，但我常常覺得你們好像對我不滿意，而我感覺不到你們對我的讚揚，所以請你們告訴我，你們認為我的優點有哪些。」有時你會意外地發現父母是「愛你在心口難開」，不會讚揚只會批評，其實對你很多的

好印象都放在他們心中。我也鼓勵大家每天在起床或睡覺前，寫下在這一天中自己做的足以被人欣賞的事情，比如「我欣賞自己準時到校」「我欣賞自己精神不好，還是努力上完課」「我欣賞自己主動去欣賞同學」等等。

對於你和同學的關係，要注意自己的交友環境，看看你周圍的人是經常鼓勵支持你，還是故意給你洩氣。

另外，你要確認自己是缺乏自信，還是性格上害羞內向。如果是性格上的害羞內向，你可以給自己設定一些目標去完成——例如每個星期交一個新朋友，每次討論時發言幾次等等。

如果不敢發言，可以在說話前問問自己，最糟的情況是什麼？講錯話的後果真的很嚴重嗎？降低對自己的標準，練習在適當時候插入大家的談話。如果看到自己有了一點一滴的進步，你就要高聲為自己喝彩、為自己加油。

---

(14)

○ 問 開復老師您好，在電視節目裡看到您，主持人問您是否認為自己是人才，您的回答讓我們感到您非常自信。我想問：您自信的標準是什麼？您自信的力量來自哪裡？怎麼讓這種力量一直保持，甚至影響您一生呢？

● 答 自信是一種感受，我不認為有絕對的標準。如果我對自

己的認識很充分，能客觀評估自己的能力、狀況，毫不遲疑地欣賞自己的長處，也坦然地接受自己的不足，通過積極學習來拓展自己，這樣你就有了自信，與他人的關係也會變得和諧。

我自信的力量來源很廣，其中一部分來自於我的家庭。我的父母很開明，經常鼓勵孩子，給我們自由發展的空間。但同時我的家教很嚴，媽媽要我們誠實，爸爸要我們謙虛實在，這些價值觀奠定了我自信的基礎。

自信不是絕對的，而是基於自覺的。當我知道我能夠做到什麼，我的自信就是一種基於理性的判斷，而不是感性的自我膨脹。如果沒有自覺，高估了自己的能力，以後你的每一個失敗都會給自己帶來很大的損失。所以你不要把自己的目標設定得高不可攀，要定在一個合理的位置。

建議你不要總是定太大、太長遠的目標，而多給自己定一些小小的目標，一點一點達到後，不要忘了誇獎、獎勵自己。漸漸的，自信就可以建立起來了。

**⑮**

○ 問 我是一名即將17歲的女生，比較開朗活潑，現在進入了高三，但我成績不是很好。我覺得自己缺乏的是自制能力，被許許多多的事物迷惑，如電腦、電視等。其實我是一個非常不自信的女生，對自己總是缺乏信心，在許多方面，認為自己肯

定不行,所以許多事情都眼睜睜地錯過。在別人心中,我是一個可愛聰明的女生,可我從不這麼認為。

我只覺得自己很笨,什麼都不如別人,父母朋友經常鼓勵我,而我還是這麼認為。現在進入高三了,由於班上風氣的原因,學習氣氛也沒有我想像中的那麼濃烈。大家還是一如既往地抄作業,一如既往地上課睡覺,而我也是其中的一員。雖然我很想拒絕這些,可是自己還是毫無改變……。

比如數學,幾何、代數、三角函數雖然又從頭開始複習了一遍,我還是不懂。當別人問我想考什麼大學時,我真的不知道從何答起,沒有目標,沒有夢想。這讓我很茫然。因為我很喜歡新聞,所以我也想過考新聞專業。如果去做播音主持,自己覺得自己身高不夠,長相不夠好;如果做編輯,覺得自己文章寫得不夠好……,考還是不考,這個問題讓我猶豫不定。現在我看不到自己的前途,離高考的時間只有不到9個月了,我該怎麼做?

● **答** 其實這是所有高三學生都要面臨的問題,是我們功利教育制度的悲哀:只重視結果不重視過程,學生的學習也是一樣,但高考仍然是無法回避的問題。如果相信自己,即使失敗了也可以再一次成功;不相信自己,即使成功了下一次也會失敗。

有人說:高考是人生的轉捩點。我把這句話改為:高考只

是人生表面上的轉捩點。生命真正的轉捩點是每一天、每一個小時都在積累東西。你今天遇到的所有問題，得到的所有結果：快樂悲傷、自信不自信，都不是偶然，都是你以前的每一天、每一個小時積累下來的，是根植於你身上的習慣。所以說，你身邊的環境、周圍的人很重要。每個人的成功都是獨特的，你的開朗活潑就是你成功的重要基礎。無論其他方面有什麼問題，這個特點千萬不要放棄。

自信是可以培養的。不要把每件事情都兩極化，要不就學好所有的數學概念，要不就全部抄同學的答案。如果你的目標都是那麼高不可及，那你一定不能達到。制定一些有點困難但是可以達到的目標，例如：每天專心讀書半個小時、每天不懂的問題要課堂上或下課後發問、先從某一兩門著手學習……，當你達到目標後就會發現自己慢慢地建立起自信心了。

學數學就像蓋高樓，如果你的地基沒有打好，上面的樓是蓋不起來的，所以如果你想學好數學，那就把以前沒有讀懂的課本從頭自修。

要不要考大學，這點只有你能決定。在今天的社會裡，大學文憑對一個人的未來確實有相當大的幫助，但是也不是只有大學畢業才能夠成功。

如果決定要考，那就要專心而且下定決心去好好讀書。9個月是有限的，如果你決定報考大學，你最好客觀地計劃一下，

如何能最大化你的分數，這點由老師來指點最好。

⑯────────────────────────

○ 問 開復老師，我想休學創業。大學生休學創業您贊成嗎？
開復老師，讀大學沒用是很多大學生所公認的，為什麼您還總
勸說學生別退學創業呢？當下大學教育水準如此低下，對於我
們而言簡直是浪費金錢和時間。我並不認為大學是走向成功的
最有效途徑。如果我去創業，我想我學到的一定比在學校多。
最成功的創業人士──比如戴爾和蓋茲都沒有讀完大學，為什
麼我要繼續浪費我的時光？

● 答 我認為在絕大多數的情況，同學們都不應該放棄大學學
位去創業。或許從實例來說，有很多成功人士根本就沒有讀過
大學。但是在今天的社會，無論對找工作或是創業而言，大學
文憑都相當有價值，而且在大學校園也的確能學到很多知識。
目前還有許多青年希望進入大學學習卻不能實現，你卻要放棄
你的機會，這是很可惜的。

　　我並不是說一定要讀完大學課程才能成才，實際上我認為
博士、碩士課程對一個學生創業而言不會有什麼直接的幫助。
但是，大學階段是一個人學習的最好機會，你周圍的人都是一
些優秀的人，可以激勵你，而且校園是培養與人交流溝通能力

的地方。大學期間是你一生中屬於自己的時間最多、可塑性最強的時候，你應該更專注於學習。

另外，透過社團、交友、暑期工作、打工等經歷，你都能夠提高處理人際關係和團隊合作的能力。這些對以後的創業或工作都有用，因為作為經營者，你需要很好地去和公司員工進行溝通，並對他們進行管理。而且對於新成立的小公司來說，你更加要做好與客戶之間的溝通，很多事情都需要你自己來負責。

除了管理經驗、人際關係，創業還需要很多的時間和資源投入，而且需要有商業頭腦、知識、技巧方面都很成熟的領導者，這都是大學生所欠缺的，而且不可能只靠興趣、自信和看書就可得到。一個沒有工作經驗、商業操作經驗、創業思維的學生去創業，成功率幾乎是零。比爾蓋茲和戴爾作為不念完大學卻可以成功創業的例子，並不適用於普通人。

實際上，他們在讀大學時已經多次創業成功，證明了自己的商業才華，也已創造了不少財富。甚至就在這種情況下，比爾蓋茲也不贊成退學創業，除非是碰到了千載難逢的機會。他總是說自己是一個特例，因為如果他不抓住當時的機會休學創業，那麼整個軟體行業的發展將被別家已存在的公司搶得先機。

創業也是很艱辛的事情，每1千個創業的人裡，只有1個能成功地創造出有價值的公司。

人的成功起源於很多因素，大學只是其中之一。如果我們

客觀、科學地來看，讀大學的人在通往成功之路上絕對占有更多機會：我們假設世界上有10%的人讀了大學，再假設世界上最成功、最富有的人裡有10%沒有讀大學——據我所知，在美國應該遠遠不到10%，那麼我們可以看到的是：讀大學的10%人得到了90%的成功位子；沒有讀大學的那90%的人，反而要去搶那10%的成功位子。

誠然，我們不能說不讀大學就沒有希望，但是從以上這兩個資料我們就可以粗略計算出來：不讀大學又要獲得成功，那將比讀大學的人困難很多倍。

就算你已經從大學畢業，如果毫無基礎我也不建議你馬上去創業。創業需要很多技巧、知識、人際關係等，沒有工作經驗會比較困難。賺足夠的錢來養一個公司，與領薪水養自己的難度是不可比擬的。我建議你到能學到東西的大企業裡，或者是一個優秀的創業型公司做一段時間，在那裡，你可以有許多學習的對象，也能學到成功的公司如何運作，是什麼樣的文化讓它取得成功。

◎4歲時的生日

◎聲情並茂模仿羅大佑

◎高中創辦公司獲獎

◎博士畢業了

◎我的博士論文獲得《紐約時報》報導

◎和妻子先鈴

◎微軟中國研究院創辦人合影 ———— ◎和兩個女兒的快樂時光

◎生病後還能自娛自樂

◎和母親在一起就變成小孩子

財經企管 BCB690A

# 《李開復給青年的 12 封信》

作者 —— 李開復
特約編輯 —— 胡小芳（浙江少年兒童出版社）

總編輯 —— 吳佩穎
責任編輯 —— 黃安妮、李文瑜
封面設計 —— 張議文
內頁排版 —— 黃齡儀

出版者 —— 遠見天下文化出版股份有限公司
創辦人 —— 高希均、王力行
遠見・天下文化 事業群榮譽董事長 —— 高希均
遠見・天下文化 事業群董事長 —— 王力行
天下文化社長 —— 林天來
國際事務開發部兼版權中心總監 —— 潘欣
法律顧問 —— 理律法律事務所陳長文律師
著作權顧問 —— 魏啟翔律師
社址 —— 臺北市 104 松江路 93 巷 1 號
讀者服務專線 —— 02-2662-0012｜傳真 —— 02-2662-0007；02-2662-0009
電子郵件信箱 —— cwpc@cwgv.com.tw
直接郵撥帳號 —— 1326703-6 號　遠見天下文化出版股份有限公司

製版廠 —— 中原造像股份有限公司
印刷廠 —— 中原造像股份有限公司
裝訂廠 —— 中原造像股份有限公司
登記證 —— 局版台業字第 2517 號
總經銷 —— 大和書報圖書股份有限公司 電話／ (02)8990-2588
出版日期 —— 2020 年 2 月 27 日第一版第 1 次印行
　　　　　　2023 年 8 月 17 日第二版第 2 次印行

定價 —— NT450 元
4713510943717
書號 —— BCB690A
天下文化官網 —— bookzone.cwgv.com.tw

國家圖書館出版品預行編目（CIP）資料

李開復給青年的12封信／李開復著. -- 第一版. --
臺北市：遠見天下文化，2020.02
　面；　公分. --（財經企管）
　ISBN 978-986-479-947-3（平裝）

1.人工智慧　2.資訊社會

312.83　　　　　　　　　　109001575